发现之旅

科学篇

新光传媒◎编译

Eaglemoss出版公司◎出品

FIND OUT MORE

物理的世界

石油工业出版社

图书在版编目（CIP）数据

物理的世界 / 新光传媒编译. -- 北京：石油工业
出版社，2020.3
　（发现之旅. 科学篇）
　ISBN 978-7-5183-3154-3

　Ⅰ．①物… Ⅱ．①新… Ⅲ．①物理学—普及读物
Ⅳ．①O4-49

中国版本图书馆CIP数据核字（2019）第034431号

发现之旅：物理的世界（科学篇）

新光传媒　编译

出版发行：石油工业出版社
　　　　　（北京安定门外安华里2区1号楼　100011）
网　　址：www.petropub.com
编 辑 部：（010）64523783
图书营销中心：（010）64523633
经　　销：全国新华书店
印　　刷：北京中石油彩色印刷有限责任公司
2020年3月第1版　2020年3月第1次印刷
889×1194毫米　开本：1/16　印张：6.25
字　　数：70千字
定　　价：32.80元
（如出现印装质量问题，我社图书营销中心负责调换）

编辑说明

"发现之旅"系列图书是我社从英国Eaglemoss（艺格莫斯）出版公司引进的一套风靡全球的家庭趣味图解百科读物，由新光传媒编译。这套图书图片丰富、文字简洁、设计独特，适合8～14岁读者阅读，也适合家庭亲子阅读和分享。

英国Eaglemoss出版公司是全球非常重要的分辑读物出版公司之一。目前，它在全球35个国家和地区出版、发行分辑读物。新光传媒作为中国出版市场积极的探索者和实践者，通过十余年的努力，成为"分辑读物"这一特殊出版门类在中国非常早、非常成功的实践者，并与全球非常强势的分辑读物出版公司DeAgostini（迪亚哥）、Hachette（阿谢特）、Eaglemoss等形成战略合作，在分辑读物的引进和转化、数字媒体的编辑和制作、出版衍生品的集成和销售等方面，进行了大量的摸索和创新。

《发现之旅》（FIND OUT MORE）分辑读物以"牛津少年儿童百科"为基准，增加大量的图片和趣味知识，是欧美孩子必选科普书，每5年更新一次，内含近10000幅图片，欧美销售30年。

"发现之旅"系列图书是新光传媒对Eaglemoss最重要的分辑读物FIND OUT MORE进行分类整理、重新编排体例形成的一套青少年百科读物，涉及科学技术、应用等的历史更迭等诸多内容。全书约450万字，超过5000页，以历史篇、文学·艺术篇、人文·地理篇、现代技术篇、动植物篇、科学篇、人体篇等七大板块，向读者展示了丰富多彩的自然、社会、艺术世界，同时介绍了大量贴近现实生活的科普知识。

发现之旅（历史篇）：共8册，包括《发现之旅：世界古代简史》《发现之旅：世界中世纪简史》《发现之旅：世界近代简史》《发现之旅：世界现代简史》《发现之旅：世界科技简史》《发现之旅：中国古代经济与文化发展简史》《发现之旅：中国古代科技与建筑简史》《发现之旅：中国简史》，主要介绍从古至今那些令人着迷的人物和事件。

发现之旅（文学·艺术篇）：共 5 册，包括《发现之旅：电影与表演艺术》《发现之旅：音乐与舞蹈》《发现之旅：风俗与文物》《发现之旅：艺术》《发现之旅：语言与文学》，主要介绍全世界多种多样的文学、美术、音乐、影视、戏剧等艺术作品及其历史等，为读者提供了了解多种文化的机会。

发现之旅（人文·地理篇）：共 7 册，包括《发现之旅：西欧和南欧》《发现之旅：北欧、东欧和中欧》《发现之旅：北美洲与南极洲》《发现之旅：南美洲与大洋洲》《发现之旅：东亚和东南亚》《发现之旅：南亚、中亚和西亚》《发现之旅：非洲》，通过地图、照片和事实档案等，逐一介绍各个国家和地区，让读者了解它们的地理位置、风土人情、文化特色等。

发现之旅（现代技术篇）：共 4 册，包括《发现之旅：电子设备与建筑工程》《发现之旅：复杂的机械》《发现之旅：交通工具》《发现之旅：军事装备与计算机》，主要解答关于现代技术的有趣问题，比如机械、建筑设备、计算机技术、军事技术等。

发现之旅（动植物篇）：共 11 册，包括《发现之旅：哺乳动物》《发现之旅：动物的多样性》《发现之旅：不同环境中的野生动植物》《发现之旅：动物的行为》《发现之旅：动物的身体》《发现之旅：植物的多样性》《发现之旅：生物的进化》等，主要介绍世界上各种各样的生物，告诉我们地球上不同物种的生存与繁殖特性等。

发现之旅（科学篇）：共 6 册，包括《发现之旅：地质与地理》《发现之旅：天文学》《发现之旅：化学变变变》《发现之旅：原料与材料》《发现之旅：物理的世界》《发现之旅：自然与环境》，主要介绍物理学、化学、地质学等的规律及应用。

发现之旅（人体篇）：共 4 册，包括《发现之旅：我们的健康》《发现之旅：人体的结构与功能》《发现之旅：体育与竞技》《发现之旅：休闲与运动》，主要介绍人的身体结构与功能、健康以及与人体有关的体育、竞技、休闲运动等。

"发现之旅"系列并不是一套工具书，而是孩子们的课外读物，其知识体系有很强的科学性和趣味性。孩子们可根据自己的兴趣选读某一类别，进行连续性阅读和扩展性阅读，伴随着孩子们日常生活中的兴趣点变化，很容易就能把整套书读完。

目录 CONTENTS

原子

数千年来，科学家一直试图找出物质是由什么组成的。现在他们知道了。所有物质都是由100多种元素构成的，所有元素是由叫作原子的微小粒子构成的。

原子是构成所有化学元素（例如碳、氢、氮等）的最小单位。它们如此微小，以至于十万亿个原子才能够盖住本句末尾的这个句号。但是现在科学家们可以通过特殊的扫描隧道显微镜和场离子显微镜看到原子，甚至通过探针来使原子发生运动。

原子本身是由比它们更小的粒子构成的。这些粒子被称为质子、中子和电子，不同的原子中粒子的数目各不相同。质子和中子聚集在原子的中间，形成一个很小的原子核。电子则绕着原子核高速旋转。一个质子或中子的质量要比一个电子的质量大2000倍。科学家们曾经认为电子是沿着固定的轨道运动的，就像地球环绕太阳转动一样。但是现在他们知道电子在更宽的称为能级（壳层）的范围内运动，而且他们认为电子不是固态的物质块，而是微小的能量包。

原子序数和相对原子质量

一个原子中的质子数目就是它的原子序数，而一个原子中的质子和中子的总数是它的质量数。

每种元素都有不同的原子序数。氢元素的原子是所有原子当中最简单的，只有1个质子，因此氢元素的原子序数是1。碳原子要重一些，有6个质子，因此碳元素的原子序数是6。

大事记

公元前 450 年
古希腊哲学家德谟克利特提出所有的物质都是由不可再分的粒子（原子）构成的。

1808 年
英国化学家约翰·道尔顿提出了支持德谟克利特的原子理论，并补充道，所有同种元素的原子都是一样的，而不同元素的原子可以组合在一起形成化合物。

1897 年
英国物理学家汤姆逊发现电子。

1909 年
出生于新西兰的科学家恩斯特·卢瑟福发现质子。

1911 年
卢瑟福发现原子中有一个原子核。

1913 年
丹麦物理学家尼尔斯·玻尔提出电子壳层理论。

1932 年
英国物理学家詹姆斯·查德威克证明了中子的存在。

碳原子内部结构

碳是一种非金属元素，以石墨（铅笔芯的成分）或者金刚石的形态存在。它的原子序数为 6，通常质量数为 12，常用 $^{12}_{6}C$ 来表示。

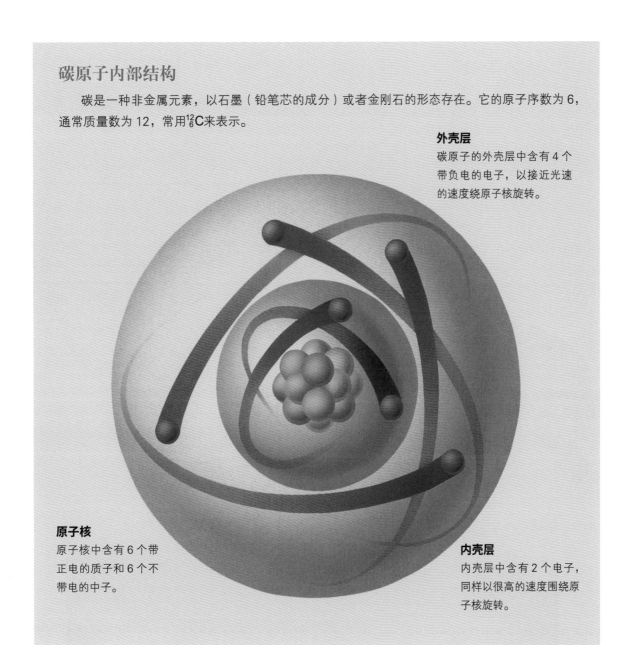

外壳层
碳原子的外壳层中含有 4 个带负电的电子，以接近光速的速度绕原子核旋转。

原子核
原子核中含有 6 个带正电的质子和 6 个不带电的中子。

内壳层
内壳层中含有 2 个电子，同样以很高的速度围绕原子核旋转。

自然界中存在的最重的原子是铀，其原子序数为 92。更重的元素都是在实验室里人工合成的，而且它们都不稳定，只能存在很短的时间。

原子太小了，以至于我们没法称量单个原子的重量。但是我们可以计算出它们的相对原子质量——某种元素的原子重量与另一

大开眼界

原子核

原子内的大部分空间其实空无一物，原子核的直径仅仅是整个原子直径的十万分之一。如果你把整个原子想象成一个和整个足球场一样大的球，那么原子核就相当于足球场中心的一粒大豆。

粒子的威力

通过一种被称为粒子加速器（或称原子粉碎器）的非常强力的机器，科学家可以用高速粒子轰击原子核，将它们分解成亚原子粒子。

这些粒子超过 200 种，每种都有自己独特的性质，它们可以分为两大类，分别叫作轻子和强子。轻子包括像电子一样的较轻的粒子，目前认为是不可再分的。但是强子，比如质子和中子，是由另一种被称为夸克的粒子构成的。

美国物理学家默里·盖尔曼于 1964 年提出夸克的存在，而现在通常认为夸克有 6 种类型，分别称为上夸克、下夸克、粲夸克、奇异夸克、底夸克和顶夸克。科学家们已经在实验室里找到了全部 6 种类型的夸克的存在证据。

▲ 在美国芝加哥附近的费米实验室，巨大的亿万电子伏特加速器（Tevatron）建在一个直径 2 千米的环形隧道中。其主加速器使用了常规磁体，下面的部分使用了液氮冷却的超导磁体。

种作为衡量标准的元素的原子重量的比值。在 19 世纪时，科学家通常以氧元素作为标准。但现代科学家普遍使用氢元素，或者碳 12 原子的 1/12 作为标准。

电荷吸引

原子中的粒子带有不同种类的电荷。质子带正电荷（＋），电子带负电荷（－）。由于原子含有相同数目的电子和质子，因此它们呈电中性。正电荷和负电荷之间的吸引力维持着整个原子的结构。

中子是电中性的，因此尽管它们使原子的质量（所含物质的量）增大，但是对原子的电荷没有任何影响。

然而，当原子失去或者得到电子时，它们就会带上电荷。如果它们失去一个或者更多的电子，它们就会成为带正电的阳离子。如果它们得到一个或多个电子，它们就会成为带负电的阴离子。阳离子和阴离子统称为离子。

构成分子

原子通常组合在一起，构成分子。很多分子是同种元素的原子组合在一起形成的，比如氧分子（O_2）中含有两个氧原子。但是不同元素的原子也可以组合成分子，而且通常形成与原来的元素性质迥异的物质。例如氢气分子的两个原子可以和氧气分子中的一个原子组成一个液态水分子（H_2O）。

空气动力学

空气动力学是力学的一个分支，它主要研究物体在同气体做相对运动的情况下的受力特性、气体流动规律，以及伴随这个过程所发生的物理、化学变化。它解释了500吨重的巨型喷气式飞机如何在空中翱翔，航船如何在海洋中航行，风如何把伞吹得翻转过来。

空气动力学上的发现使我们能够获得飞行的力量，能够建造可以经受狂风吹击的桥梁，以及在飓风下幸存的建筑。我们现在所获得的空气动力学的大部分知识都是由流体力学（研究液体和气体如何运动的一种力学）的规律发展而来的。牛顿是最早开始研究流体力学的。当他研究流体（比如空气或者水）与其他物体之间的相互作用力时，他发现，无论是物体在流体里面运动，还是流体在物体周围流过，它们之间的相互作用力产生的效果是一样的。现在，这个规律被科学家们用来检测所有地面和空中的运输工具的空气动力学性质。在实际使用中，这些运输工具在空气中运动，但是其空气动力学性质则是通过让空气在风洞中从这些运输工具上流过来进行检测的。

▲ 新车样品在风洞中进行空气动力学检测。图中的烟雾形迹显示了流过汽车的气流，一段段线条显示了汽车表面附近的气流。

▲ 在进行昂贵的风洞检测之前，汽车设计公司通常会先在计算机中使用以复杂的纳维－斯托克斯方程为基础的软件包，来检测新车设计样品的空气动力学性质。

防止灾难

　　1965 年 11 月 1 日，英国渡桥电厂的 3 座冷却塔在一场大风中倒塌了。由于它们矗立在 4 座其他的塔的后面，在逻辑上人们认为它们应该会在大风的吹击中受到保护。然而，风在前排的塔的周围吹过，并在两排塔之间产生了强力的阵风和旋涡，导致了后面 3 座塔的倒塌。为了防止类似的灾难发生，新的建筑物及其临近建筑的缩微模型会被放于风洞中进行测试，以保证它们是安全的。例如位于美国艾普科特中心的高尔夫球状的"太空船地球"被设计出来时就经过了测试，能够抵挡速度高达320 千米 / 时的大风。

伯努利和机翼

　　18 世纪，瑞士数学家丹尼尔·伯努利（Daniel Bernoulli）进一步发展了牛顿的理论，他发现运动的液体或者气体的压力会随着其速度的升高而降低。这个发现后来帮助纳维（G. G. Navier）和 G. G. 斯托克斯（G. G. Stokes）发展出了复杂的方程式来描述液体和气体的运动。这些方程式被称为纳维－斯托克斯方程，它们是空气动力学和流体力学研究的基石。

　　应用伯努利的发现，人们所做的第一个重大的空气动力学研究是飞行器机翼外形的发明。机翼的上表面是曲线型的，而下表面相当平坦。当飞行器起飞时，流经机翼上表面的空气比流经下表面的空气要运动得远、快。这意味着机翼上表面所受的空气压力比下表面所受的空气压力小，因此机翼被一种称为升力的力量向上推起。飞行器飞得越快，升力就越大。但同时，空气也会对飞行器产生一定的阻挡力量，这种力量叫作阻力。飞行器飞得越快，空气阻力对它的影响也越大。

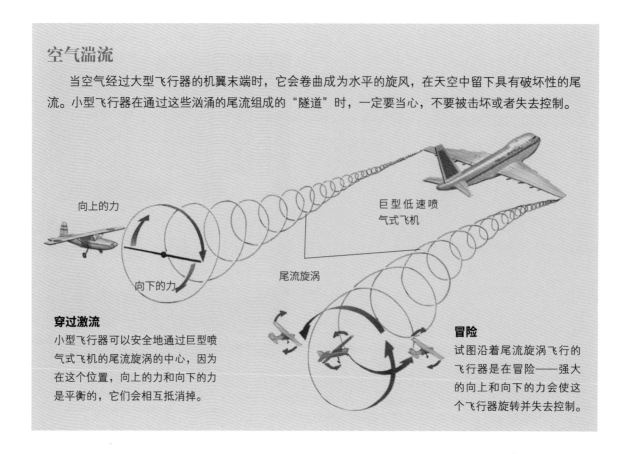

空气湍流

当空气经过大型飞行器的机翼末端时，它会卷曲成为水平的旋风，在天空中留下具有破坏性的尾流。小型飞行器在通过这些汹涌的尾流组成的"隧道"时，一定要当心，不要被击坏或者失去控制。

向上的力

巨型低速喷气式飞机

向下的力

尾流旋涡

穿过激流
小型飞行器可以安全地通过巨型喷气式飞机的尾流旋涡的中心，因为在这个位置，向上的力和向下的力是平衡的，它们会相互抵消掉。

冒险
试图沿着尾流旋涡飞行的飞行器是在冒险——强大的向上和向下的力会使这个飞行器旋转并失去控制。

流线型阻力

空气是气体分子的混合物，包括氧气、氮气和氩气等。当一个物体，比如飞机或者汽车，在空气中行进时，它会把周围的气体分子推开。正是这些被推开的气体分子的阻挡作用产生了阻力。

在刮风的日子里，当我们试图在风中行走时，我们会受到空气的阻力。数百万个气体分子会在它们快速流经我们身体表面的时候撞击我们，迫使我们使用更多的能量向前移动。通常，我们能够继续前进，但是对更轻的物体来说，比如树叶或者纸张，它们就只能随风飘荡了。即使在空气处于平静状态的时候，它依然有足够的阻力使运动的物体减速。在天气温和的海平面上，空气的密度是 1.23 千克 / 米^3。这意味着一辆以 50 千米 / 时的速度运动的家用轿车，在这种空气密度下，每秒钟内会移动大约 30 千克的空气。

当今的大部分空气动力学研究都集中在如何减小空气阻力上，以使交通工具能够更有效率，消耗更少的燃料。设计者们设法将物体的外形设计成光滑的、曲线型的，这样当空气掠过它们的时候，物体就会受到较小的阻力。这种设计使得每个空气分子需要移动的距离最小化，从而使得空气阻力最小化。这就是广为人知的流线型设计，其原理被用在很多实际应用中，从小汽车、卡车、火车，到火箭和速滑运动员的头盔等，范围极其广泛。例如当设计高速火车时，空气动力气流在通过它的每个外表面（比如车头和车厢）时都会被监控，之后监控结果会被计算机综合在一起，最终获得能够显示阻力如何影响火车整体性能的图像。

空气动力学研究

空气动力学研究并不仅限于研究运动物体如何在空气中穿行，它也研究运动的空气如何影响静止的物体（比如建筑和桥梁），以及气体移动时如何推动物体向前运动。空气动力学还被应用在焰火、烟雾剂喷射机、外科手术室、婴儿保育器和工业清洁室的设计当中。

◀ 在这个小型的为棉花喷洒农药的飞机后面，我们可以清楚地看到由飞机的机翼产生出来的尾流旋涡。

流体力学

你是否曾经被海中汹涌的浪花击倒？或者你曾经用水枪将朋友全身喷得湿淋淋的？如果你曾经有过这样的经历，那么你就应该已经看到了流体力学的效果。

流体力学的英文单词 hydrodynamics 源于希腊单词 hudor（水）和 dunamikos（力量）。它是物理学的一个分支，专门研究液体在运动或静止时的力与压强的效应，以及液体如何与固体互相作用。通过研究流体力学的原理，科学家和工程师才能设计出水电站、制造出能在开阔水面上快速航行的水翼艇，以及飞行器上的液压机。

湍流数学

瑞士数学家欧拉（Euler）是最早把牛顿运动定律应用到液体中的人，并导出了用来描述简单的、无摩擦的理想液体流动的基本方程。然而，在所有液体的内部都存在着摩擦，或者具有

▲ 车辆轮胎上的沟槽花纹就是以流体力学为基础设计的。当车辆在浸水的道路上行驶时，轮胎上的沟槽花纹就能将路面上的水吸起并抽空，使车辆能够顺利行驶。

▲ 在下雨天里，车辆的轮胎必须能在 1 秒钟内排出 5 升以上的水，才能够"抓牢"地面，防止轮胎打滑。因此，新轮胎的流体力学性能都是在下雨天里测试的。

一定程度的黏滞性，尤其是在它们与固体相互作用时更为明显。

在 1845 年导出的纳维－斯托克斯方程组，由于考虑到了液体的黏滞性（黏性）而克服了上述弱点，但是这个方程组过于复杂，只能用于简单的层流。流速过快的液体，或者在形状毫无规则的物体周围流动的液体，则会随意形成漩涡，呈现出湍流。

今天，流体力学工程师利用边界层理论来计算流过船舶、桥梁、涡轮叶片和抽水机的水流，以及在管道和隧道中的液体。这个理论将液体流的模式分成了两部分：一种是在液体表面，或者当液体与固体作用时，形成的薄的黏性流层；一种是在边界层外的无摩擦的流层。

经过修正的纳维－斯托克斯方程组被用来计算边界层中的黏性流，以欧拉方程组为基础的数学公式则被用来计算无摩擦的液体流。

▲ 在设计新船的时候，工程师们必须根据复杂的数学方程组的计算和实验数据，来确保船体符合流体力学的原理，尤其是在湍流最强的船首四周。

帕斯卡定律和水力学

水力学将流体力学应用到工程设备中，如抽水机、管口、喷嘴、流量计，以及制动系统。其中许多应用都是以帕斯卡（Pascal）定律为基础的，这条定律是说，如果压强作用到液体上，那么它就会在液体中以相同的压强朝各个方向传播。例如两个可以移动的活塞被分别放置在一根充满液体的管道两端，当一个活塞被推动时，压强就会通过水传递出去，迫使另一个活塞向外移动。如果

▲ 当潮汐涌进狭窄的河口时，例如钱塘江和塞纳河的河口，水流的速度通常都很快，因此，在潮水的前方总是会形成巨浪。

使用不同大小的活塞将液体封闭，那么在水力系统中，很小的力就能被转换成巨大的力。

深度和压强

在水利工程中，另一条与液体有关的定律是：液体的压强（推力）随着深度的增加而增加。这条定律可以用一个简单的小实验来演示：找一个空的塑料瓶，在不同的高度上分别钻几个孔，然后在瓶中装上水。此时，在瓶内底部的压强比顶部的压强大。因此，从位于瓶子下端的孔中喷出的水，比从位于瓶子上端的孔中喷出的水更猛烈，受到的推力更大。在水电站里，通过从大坝

◀ 水的密度是空气的800倍，这使得在水中穿行相对比较困难。潜水艇的形状是长长的、流线型的，与鱼、鲸、海豚的体型相似，因此，潜水艇将水的阻力降到了最低。

◀ 水力工程师们在很多海滩上建造了矮墙，这些矮墙被称为防波堤，从而防止沿岸的海水表流将沙和砂石带走。

的底部抽水来驱动水轮机的叶片，就是应用这个原理。在大坝底部，被加压的水拥有更大能量，因此，水轮机就能发更多的电。

刹车

假设汽车的行驶速度是每小时 120 千米，它可以在 5 秒钟内停下来，而且只需要轻轻踩一下踏板。这项令人吃惊的工程技术，是根据水力学原理设计出来的，通过这个原理，向下轻轻踩刹车踏板的力量，被转换成巨大的力，而这个力足以让车停下来。

应用刹车

推动刹车踏板，使主液缸中的活塞向前移动，从而增加整个系统中制动液的压强。然后再推动从动缸中的活塞，迫使制动垫（或制动靴）牵制着制动圆盘（或制动鼓）。

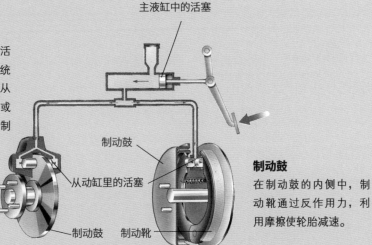

主液缸中的活塞

制动鼓

从动缸里的活塞

制动鼓   制动靴

制动鼓

在制动鼓的内侧中，制动靴通过反作用力，利用摩擦使轮胎减速。

盘式制动器

在旋转着的制动圆盘的两面，分别有一块制动垫在推动，从而利用摩擦力，让车轮的速度慢下来。摩擦产生的热量，被周围的空气迅速带走。

能量和物质

从坚硬的石头到流淌的溪水，从浓浓的晨雾到看不见的空气，甚至还包括你——地球上千万生物中的一员，宇宙中的一切都是由物质构成，使物质运动的是能量。

有一些物质的运动是看得见的，如拍打沙滩的海浪。但即使是那些看上去静止不动的物体，在它们的内部，依然处于运动状态。构成这些物体的原子在不断振动，只是这种运动几乎不为人知。

你知道吗？

第四态

物质还有第四种形态——等离子态。当气体在极度高温下燃烧时，这种形态就会出现。高温使气体的原子分裂成更小的"亚原子"颗粒。这种情况通常只出现在太阳和星体内部，而且是火焰中最炽热的部分。另外，这种形态在特殊的实验室条件下也可能发生。

◀ 物质的三态无所不在。这里有液态的海浪，固态的礁石，还有看不见的气体（空气）环绕其间。同其他固体一样，岩石有固定的大小和形状。液体也有固定的大小，但它的形状会随着容器的变化而改变——在这里，海水的形状就是海床的形状。气体没有固定的形状和大小。

能量无处不在

能量存在于我们周围——比如在足球比赛场景中，足球队员、足球、欢呼的观众、闪光灯、记分牌都有能量，只不过，它们是不同形态的能量——声能、光能、电能、动能和化学能。你能在周围找出多少能量的例子来？

欢呼的观众
每一个进球都会引起观众的欢呼，欢呼声是声能。观众们喉咙的振动，把空气以波浪形式向外挤出，声音就飞扬到球场上空。

太阳能
太阳是地球上几乎所有能量的源泉。

足球队员
球员在赛场上奔跑，消耗了体内储存的能量，这些能量来源于食物中的化学能。

灯光
泛光灯和电子记分牌释放出光能，它们使用的是从发电站发出的电能。

足球
球员踢球的一瞬间，传递给球以动能，使球在空中旋转飞出。

物质通常都以固体、液体或气体的形态存在，它们被称为物质的三态。然而，在正常的温度和压力下，大多数物体只以其中一种状态存在，如铁通常是固体，醋是液体，而氧气则是气体。

水是我们经常看到的以三种形态存在的物体。冰块是固体，但是当它融化成水时，就变成液体。如果你把水煮沸，它又转化成为蒸汽——气体。

质量和惯性

质量是判断物质含量的一个标准。物体的质量越大，它的移动、加速或者减速就越不容易。例如开动一辆重型卡车要比一辆小轿车困难得多。因为物质总是乐意保持它本来的状态，不管它是运动着的还是停滞不动。物质的这种特性被称为惯性。

质量的单位一般用"千克"表示，但它同"重量"的概念是两码事。宇宙飞船的质量在太空中的任何地方都是一样的，但它的重量却因地而异。因为重量是引力造成的，而在太空中，一些地方的引力强，另一些地方的引力弱。

体积和密度

一定量的物质所占空间的大小，叫物体的体积。我们通常用立方米、立方分米，或者立方厘米作为体积的单位。

体积相同的不同物质，其质量并不一定相同，因为一些物质的内部结构可能会比另一些物质的内部结构更为紧密。不同物质的密度不同，1立方米的铅比同样体积的软木包含更多的物质，因为铅的密度大于软木的密度。

密度用每立方米多少千克（千克/米^3）来表示，或者用相对于水的密度（1.00）来表示。如铅的相对密度是11.34，软木的相对密度是0.24。密度最大的物质是金属锇，它的相对密度是22.48。

至关重要的能量

如果没有能量，物质将永远处于静止状态。人类、植物和动物将不复存在，机器不能运转，地球将会枯萎衰落。

能量赋予物体——生物和非生物——做功的能力，这是通过运动或者形态的转化产生的。食物中的能量使人和动物有力量奔跑，海风中的能量能鼓动帆船扬帆驰骋。

地球上几乎所有的能量都来自太阳。在太阳的中心，原子之间相互结合（熔合），这个过程叫原子熔合（核聚变），它会以光和热的形式释放出巨大的能量。

能量的储存

来自太阳的能量以多种形式储存在地球上。植物吸收阳光制造食物的过程被称为光合作用。很多动物以植物为食，可以摄取植物中的能量。人以植物和动物为食，又吸收了同样的能量。

植物和动物内部的能量并非只在生命存在时才有。支撑现代社会运转的许多能量都来源于古代有机体的残留物。石油是最好的例子，它是数百万年前动物和植物的残骸。

能量的形式

能量有多种形式——热能、光能、声能、电能、食物和燃料的化学能、机器的机械能、发电站和原子弹爆炸时的原子能。无论以哪种形式出现，它们都属于动能或势能中的一种。

势能是一种被储存的能量——或者存在于食物和汽油中，或者存在于蓄势待发的静止物体中。比如一个在陡峭的轨道顶端即将下滑的滑轮车，它就积蓄了大量势能，在放开滑轮车向下俯冲的过程中，势能转化成动能。

动能是运动的能量。你身边运动的人、动物、机器都有动能。

能量还能够不断地转化成各种形式。比如在火堆中的木头里储存着化学能量，当木头燃烧时，这些化学能量就转化成为火焰的光能、热能和声能。诸如此类的转变，被称为能量转化。

气流

空气总是在运动。暖空气上升，冷空气下沉，风从高压区吹向低压区。
这种运动使得大气中的各种气体混合在一起，从而令各地的大气组成相同。

气体受热膨胀，并导致密度变低。因此，密度小的暖空气总是浮在密度大的冷空气的上面。
上升的空气被称为对流气流，此时，冷空气不断沉到底部，取代不断上升的暖气流，同时，底
部的冷空气又不断地变暖上升。对流也被称为热气流，地球表面的某一处被太阳加热后，地面
上的气流就会从热点开始上升，例如柏油路。

风是怎样吹的

风是一种强有力的气流。风影响并改变着地球上的气候。

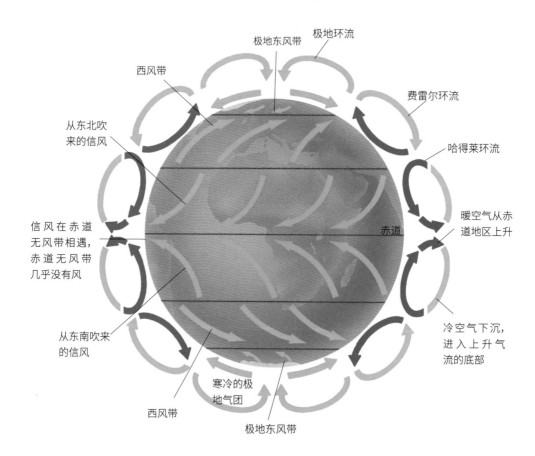

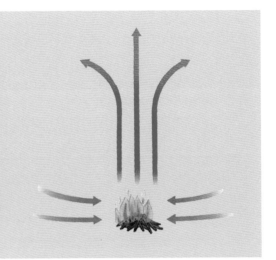

热空气上升

　　热气体微粒比冷气体微粒运动快。微粒在运动时，会向四周分散，因此，在相同的空间中，热气体只有很少的微粒存在。所以，热气体的密度低，这也是热空气会上升的原因。

　　当火焰或者散热器上方的空气上升时，密度较大的冷空气就会流入底部，取代暖空气上升后留下的位置。于是，房间里就有了空气的流动，从而使热量得以循环。

天气

　　太阳的热量驱动气流，形成天气。赤道附近的暖空气上升，地球两极的冷空气下沉。于是，这些对流气流在地球上空产生了不同的气压，气压导致空气大规模运动。风从高压区吹向低压区，同时携带着海洋中的水汽。空气中的水汽浓缩，形成云，当云漂移到陆地上就形成雨。

▲ 这只南美秃鹫借助风吹过安第斯山脉时产生的上升气流盘旋。滑翔机（没有发动机的飞机）也是利用同样的原理飞行的。

平流和湍流

　　气流在低速运动时有一定规律。当气流低速运动时，飞机机翼上方的空气以平流的形式运动；随着气流速度加快，尤其是机翼后部的气流，会变成不规则的螺旋形涡流，这就是旋涡。这种不规则的气流被称为湍流。在旅行时的飞行途中，你有时能感觉到这种湍流。这种旋涡状的气团会撞击飞机，使飞机倾斜或抖动。

你知道吗？

看得见的气流

　　在炎热的人行道上的上升气流，通常能在阳光下被看见。这是由于空气的密度变了（暖空气的密度比冷空气的密度低），空气的折射率（测量光线弯曲程度的物理量）也变化了。暖空气中的密度变化使光线发生散射，因此，气流就能用肉眼观察到了。

游艇航行是利用地球表面空气对流产生的风。气象预报工作者通过测量这些气流，预测风力和风向。

升力和拉力

气流经过机翼时会产生升力，这种力能使飞机保持在空中。机翼与机身有一定角度，因此，它总是让空气向下偏斜。空气向下的偏斜力，在机翼上又产生了反作用力，这就是升力。

空气阻力（拉力）是与大气运动相反的力。它与自行车手逆风骑车的道理相似。在低速时，流经自行车的是平流，阻力很小；随着速度增加，湍流就产生了。湍流增大了阻力，因为能量被涡流消耗掉了。

混沌理论

在世界上，人们利用一些功能强大的计算机来预测地球周围的气流，进行天气预报。在天气预测系统中，会把大气层分为数千个不同的区域，它们被称为环流。然后，计算机经过上亿次的计算，预测空气从一个环流到另一个环流的流动趋势。不过，天气只能提前几天预报，因为气流的流动遵循着混沌理论。根据混沌理论，气流中一丁点儿的微小变化，就能导致天气在未来几天内的巨大不同。据说，在巴西的一只蝴蝶的翅膀振动，就有可能在美国的得克萨斯引起一场龙卷风。

◀ 根据混沌理论，气流在几千米外的细微运动，都将导致如图中在美国某地发生的这场龙卷风。

小实验

风向标的旋转

在一块圆形纸板上剪出等分的叶片，制成一个小型风向标。把它放在散热器上方的热气流中，它将会旋转。注意：不要把它放在火上。

用圆规在纸板上画一个圆。在正中心穿一个小孔，然后按照图中的样子，把纸板剪成八张一样大小的叶片。

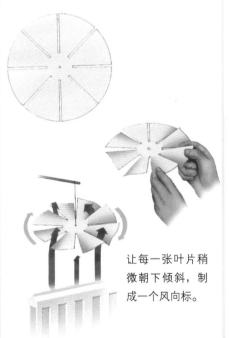

让每一张叶片稍微朝下倾斜，制成一个风向标。

用一根短短的细线穿过中间的小孔，在线头末端打上结，把细线固定在小孔中。把另一端线头拴在一根小棍上。提着风向标，把它放在散热器的上方，于是，上升的热气流就能带着它转动。

电

我们生活在一个电力化的时代。电是工业的主要动力，它为建筑物提供照明和取暖，还为改变了我们生活及工作方式的计算机提供动力。电力和电子通信设备极大地改变了家庭、学校、工厂和办公室的条件。

两三百年前，没有人真正懂得电究竟是什么，更不用说如何生产这种最方便、最灵活的能量了。现代科学不仅向我们展示了如何利用电力，也揭示出电力存在于组成这个世界的所有物质中。

带电粒子之间的电作用力把电子集中在原子内部，并把原子结合在一起，构成液体和固体的分子。电在运动中会产生无线电波，以及其他种类的辐射。电还与另外一种人们已经学会驾驭的动力——迷人而且具有强大力量的磁力联系在一起。

▲ 美国芝加哥上空闪电中的电力，其携带的能量，足够供这个城市使用一周甚至更长时间，但我们无法利用这种能量，只能在发电站使用发电机来发电。

气球的戏法

用抹布摩擦气球，会让带负电的电子从气球上跑到抹布上。这时，气球带上了正电荷，可以吸起纸屑和其他的轻巧物体。

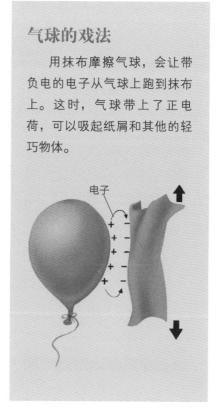

电子

静电

古希腊人发现，用毛皮摩擦过的琥珀珠子会带上静电，能够吸引羽毛或其他较轻的东西。琥珀是由树液形成的化石，它在古希腊词汇（elektron）中的意思是电子，并由此产生了电（electricity）这个词。除了琥珀珠子，很多别的物质也能够带上静电，包括硫黄、蜡、玻璃和塑料，这些物质都是绝缘体。但金属和其他导体则不会产生静电荷。

实验显示，带电物体会相互吸引或者排斥。这个现象表明电荷有两种类型——正电荷和负电荷。在电学中有一个基本规律，那就是同种类型的电荷相互排斥，不同类型的电荷相互吸引。

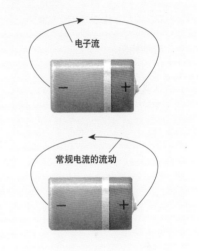

你知道吗？

双路交通？

尽管在电路中，电子是从负极移动到正极，但科学家和工程师们却通常说电流流动的方向是从正极流到负极。在实际使用中，不管怎么说，都不会影响到人们对电的理解。

电子流

常规电流的流动

大开眼界　

电子群

当 1 安培的电流流过时，每秒钟就有 600 亿的电子绕电路一圈。电流的运动是用一种特殊的被称为电表的仪器测量的。

◀ 在范德格拉夫（Van de Graaff）静电发生器的表面产生负的静电荷。如图所示，电荷通过女孩儿的手传到她的头发上。她的头发竖立起来，因为每根头发都带有相同的电荷，互相排斥。

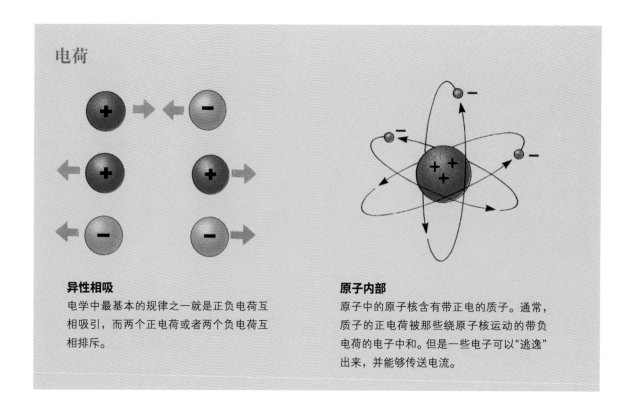

电荷

异性相吸

电学中最基本的规律之一就是正负电荷互相吸引，而两个正电荷或者两个负电荷互相排斥。

原子内部

原子中的原子核含有带正电的质子。通常，质子的正电荷被那些绕原子核运动的带负电荷的电子中和。但是一些电子可以"逃逸"出来，并能够传送电流。

运动的电子

我们现在知道，电荷的最终携带者是组成原子的微小电子。在原子中，每个绕原子核运动的电子都带有一个单位的负电荷，而原子核里面的质子带有一个单位的正电荷。正常情况下，在物质中电子和质子的数目是相等的，它们携带的电荷相平衡，物质呈中性。物质在经过摩擦后，要么会失去电子，留下更多的正电荷（质子比电子多）；要么增加电子，获得更多的负电荷（电子比质子多）。这个过程称为摩擦生电。

自由电子（从原子中逃逸出来的电子）能够在导体的原子之间轻易移动，但它们在绝缘体中不行。于是，物体在摩擦时传递到导体上的电荷会被迅速中和，因为多余的电子会从物质表面流走，或者额外的电子会被吸附到物体表面上代替流失的电子。所以，无论摩擦多么剧烈，金属都不可能摩擦生电。但是，橡胶或塑料这样的绝缘体，在摩擦之后，其表面就会留下电荷。

电流

在金属导体内部，电流的载体是自由电子。当一条导线与一个带有电池的电路相连接时，电流就会沿着导线，从电池的负极流向正极。在电池内发生的化学反应，又给电子提供了从正

你知道吗？

伏特和安培

电压是电势差，它能为电器提供能量。

1节9伏特的电池所提供的能量，相当于1节1.5伏特电池所提供能量的6倍。电流是用来计算1秒钟内通过电路的电子数目的标准。如果电流是10安培，那么每秒钟流过的电子数目是1安培电流的10倍。

◀ 这是 Astra 1B 人造卫星，它用于播送卫星电视频道。在它的主体两侧的双翼上，各有一个太阳能电池用于驱动，这些电池利用太阳的光能产生电能。

极流回负极所需要的能量，从而维持电流的运动。电池是电动势的源泉，它能将化学能转化为电能。其他电动势的来源还有用机械能驱动的发电机，以及可以把光能转化为电能的太阳能电池。

电的应用

当电流通过加热器、灯、发动机、收音机，以及其他电器时，电流的能量就被转化为其他能量。电器可以把电能转换为热能、光能、声能或是动能。电不但能通过一根长长的导线，把能量从一个地方输送到另一个地方；而且还能把一种形态的能量转换为另一种形态的能量。例如电池中的化学能就可以被用来转换为灯泡里的光能。

接通开关

只有当电路完整时，电流才会流动。开关被用来接通或者切断电路，从而开启或者关闭电器。如图，当开关合上，电路接通时，灯泡会变亮，开关断开，灯泡就不亮。

开关断开

开关合上

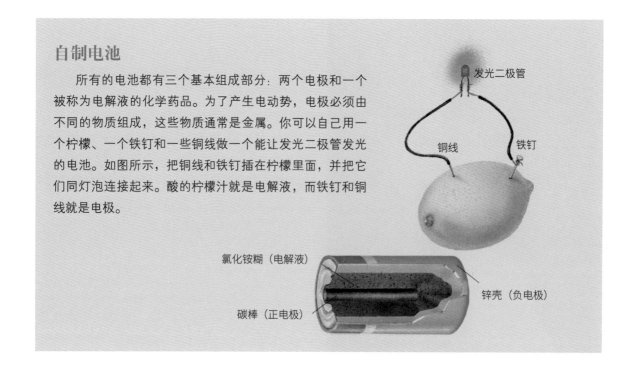

自制电池

　　所有的电池都有三个基本组成部分：两个电极和一个被称为电解液的化学药品。为了产生电动势，电极必须由不同的物质组成，这些物质通常是金属。你可以自己用一个柠檬、一个铁钉和一些铜线做一个能让发光二极管发光的电池。如图所示，把铜线和铁钉插在柠檬里面，并把它们同灯泡连接起来。酸的柠檬汁就是电解液，而铁钉和铜线就是电极。

发光二极管

铜线　　铁钉

氯化铵糊（电解液）

碳棒（正电极）

锌壳（负电极）

电路

　　通过连接的电器，从电池或者发电机的一极到达另一极，只有存在这样一条完整的电路，电流才会流动。任何中断，例如开关的断开，都会使电流停止。如果在电路中有两个或多个电器，那么它们可以被串联或者并联在一起。在串联电路中，电流持续流过电器；而在并联电路中，电流被分开了，在电流的每一个分支中只有总电流的一部分通过。

电阻

　　在常温下，所有的物质都有电阻。它们的原子挡在电子流过的电路上，并使其速度减慢。同时，运动的电流使物质的原子产生振动，把电能转化为热量。

　　导线的电阻与它的长度、粗细和构成的金属种类有关。在室温下，银的电阻是所有金属中最低的，但银的价格很昂贵，所以人们更喜欢用铜。

　　粗短的导线的电阻比细长的导线的电阻更小。灯泡里面的灯丝就是螺旋形的细钨丝，它的电阻很大，因此在电流流过时会发出白炽光。

串联和并联

在串联电路中，只有一条电流的通路，因此电流连续地流过电器。在图中，两个灯泡的电阻使得灯泡的光黯淡。

在并联电路中，电流不止有一条通路。如果两条通路有相同的电阻，电流就会被等分成两部分。不过在一条通路中，电流更容易通过。如果在一条通路中的电器较少，则会有更多的电流从这里通过。在图中，单独的一个灯泡电阻较低，这样它发出的光就很明亮。

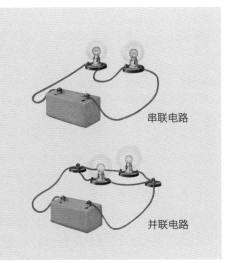

串联电路

并联电路

欧姆定律

实验表明，对很多导体来说，用电池把电压加倍，里面的电流也会变为原来的两倍。这就是欧姆定律的简单例子。该定律把电路中电压的数值，流过的电流强度，以及各个组成部分的电阻都联系了起来。

电磁学

电流产生磁力，被称为磁场。磁场的存在可以这样来证明：在一条导线周围，围上一圈磁罗盘，然后让电流通过导线。当电流接通时，由于磁场的影响，罗盘的指针就偏离了北方。电流越强，磁场越强，指针的偏转也就越明显。

正如电能产生磁，磁也能产生电。在一个线圈中插入或拔出磁铁会产生电流。电动机就是利用电磁力把电能转化为动能，发电机则相反。

▲ 灯泡中的钨丝具有高电阻。通过灯泡的电子使原子快速振动，钨丝和灯泡就热得无法触摸。

超导体

1986 年，科学家发现了新的超导体，这一消息让人振奋。超导体是一种没有电阻的物质。右图显示的超导线圈的电势非常大，它可以节省巨大的能量，还可以制造出新的更加高效的发动机和磁体。

人们最早发现超导体是在 1911 年。不过，它们无法用在日常电路中，因为在其失去电阻之前，需要使用液氮或者液氦将其冷却到令人难以置信的低温。新的超导体同样需要冷却，不过不用太多。

电磁波

稳定的电流产生稳定的磁场，变化的电流则会产生以光速穿过空间的能量波，这被称为电磁波。广播和电视信号是由发射天线中快速变换的电流产生的电磁波携带的。科学家现在发现了很多种辐射类型，包括微波、X 射线和光，它们都是电磁辐射的不同形式。

在我们的生活环境中充满了电磁波，尤其是在家中。只要有电器产品，如冰箱、电视机、洗衣机、微波炉、电脑、空调等，就会有电磁波。科学家们还发现，微波炉发出的电磁波会抑制植物的生长；如果人的眼睛暴露在微波中，那么眼睛中的水晶体就会变白，会看不见东西，这就是所谓的白内障。另外，墙壁中的电线也会产生电磁波。所以，我们睡觉的时候，最好不要太靠近装有电线的墙壁，以免因为电磁波的影响而无法安心睡觉。

磁

不需要车轮而是在无形的力场上滑行的火车听起来很神奇，其实它是真实存在的。磁悬浮列车被强大的电磁力支撑着浮在轨道上。在家里，简易的磁铁可以吸附在冰箱门上，或者吸起一簇图钉。但是磁力并不只是一种新颖的运输方式或者有趣的把戏。

磁力是大部分现代科技的核心。它在电动机、发电机、人体扫描、电视和计算机系统中都起到了至关重要的作用。古希腊人也发现了磁的存在，他们注意到天然磁石（一种自然形成的具有磁性的岩石）能够吸起铁屑。大约 2000 多年前，古代中国人利用磁石制造出了指南器具"司南"，后来又在司南的基础上制造出了第一种真正的定向仪器——磁罗盘。这些仪器之所以可以指明方向，实际上是因为地球本身就是一个巨大的磁体。

▲ 磁悬浮列车（右边小图）滑行在力场之上，这个力场是电流通过轨道内的强磁体产生的。现在的磁悬浮列车主要分为使用常导磁体的常导磁悬浮列车和使用超导磁体的超导磁悬浮列车两类。

磁极

　　磁铁有两个磁极，它们分别是北极和南极。磁极处的磁力最强。两个相同的磁极（北极与北极，或者南极与南极）相互排斥。两个磁性相反的磁极相互吸引。

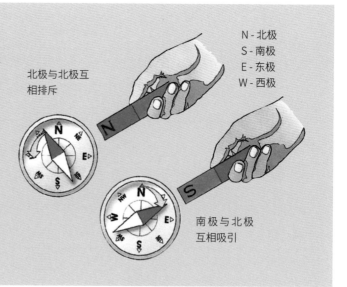

北极与北极互相排斥

N - 北极
S - 南极
E - 东极
W - 西极

南极与北极互相吸引

磁性材料

　　只有一些特定的材料才会对磁力有反应，并且可以被磁化。利用条形磁铁可以把这种材料与其他物质区别开来。铁是最常见的磁性材料，我们可以在大部分能被磁铁吸引的日常物品，通常是铁的合金——钢中发现铁元素的存在。许多常见的金属，比如铝、铜、锌和铅都没有磁性。其他能被磁化的金属包括镍、钴和钆。

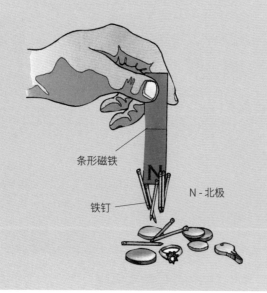

条形磁铁

铁钉

N - 北极

磁感应

　　如果一根大头针吸在条形磁铁的北极，它接触到磁铁的一端会成为南极，而另一端会成为北极。这种现象就叫作磁感应。大头针感应到的磁力可以吸引另一根大头针，另一根大头针也会接着被磁化。挂在磁铁上的大头针可以形成一条长链。当磁铁被拿开时，大头针感应到的磁力消失，长链就会散掉。

N - 北极
S - 南极

什么是磁力

　　磁性材料中的每个原子都是一个小磁体，它的磁力来自围绕原子核旋转的电子。当磁性材料被磁化时，材料中各个部分的原子磁体会指向同一方向。而没被磁化时，材料内部不同区域，或说不同的磁畴中的磁力则是指向不同的方向。

未磁化的磁畴

磁化的磁畴

地磁

　　地球有其自身的磁场，就像在地球的中心有个巨大的条形磁铁一样。某些种类的鸟和鲸可以感受到地磁场，并利用它为长途迁徙导航。当然，人类必须使用指南针！不过，科学家发现，在过去的 150 年间，地球磁场的强度正在以很快的速度减弱。

电磁

　　电和磁之间的联系是在 1819 年由丹麦科学家汉斯·克里斯蒂安·奥斯特发现的。他注意到放置在载流电线附近的指南针会在电流接通后偏转。这表明电流会产生磁场。把电线缠绕在一个铁芯上，然后使电流通过线圈就可以制造出电磁铁。同样，磁也可以产生电，将磁铁在线圈中来回抽拉就能在线圈中产生电流。

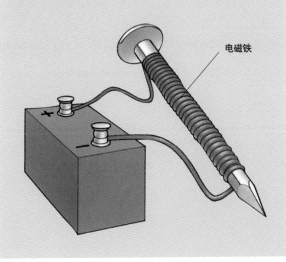

电磁铁

自我观察

自制磁体

　　为了把一块未经磁化的铁（如一根大号钉子）变成磁体，你必须设法使磁畴都朝向同一方向。这要用一个强的永磁体（即永久性磁体）沿一个方向反复摩擦这个钉子。不过如果钉子受到锤打或者加热，扰乱了磁畴的均匀分布，钉子的磁性就会被破坏。

N - 北极

磁场

　　磁体会在它周围的空间中产生一个力场。这个力场会影响任何位于其中的磁性材料。我们可以借助被磁铁吸引的铁屑"看到"磁场。在磁力的影响下，铁屑会排列成线状，从而使磁场的磁力线的分布情况得以再现。所以，在"铁屑线"密集的地方，磁力是最强的。

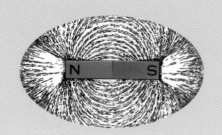

N - 北极
S - 南极

你知道吗？

截然相反

　　地球的磁场并不是绝对稳定不变的。地球的磁极经常摆动，它可能朝赤道平滑地移动，不久之后又返回原位，甚至可能穿过赤道移至另一半球，再摆回来。科学家们将这种磁极产生偏移的现象叫作"磁极漂移"。地理意义上的南极是地球的北磁极，而北极则是地球的南磁极。由于磁性相反的磁极才会相互吸引，因此可以自由改变方向的指南针才能在地球磁场的作用下指明方向。

力和运动

力改变物体的运动状态。我们的每一个动作都需要力的作用。无论是抛一个球，还是走路、翻书，都需要我们施力使物体运动，然后再施力使其恢复到静止状态。甚至静坐不动也涉及力的作用。椅子的支撑力与我们的重力（地球对身体的引力）保持平衡，防止我们坐垮椅子摔在地板上。

简单地说，力是物体间的相互作用。一个力单独作用，可以改变物体的运动状态。当两个或多个力共同作用时，比如重力和椅子的支撑力，情况就会复杂些。物体可能会被压缩、拉伸或者扭曲，也可能会旋转、沿直线运动，或者保持静止状态。

那么力是怎样影响运动的呢？这个问题触及了科学的本质。在200多年前，艾萨克·牛顿发表了著名的牛顿运动定律，回答了这一问题。在探索之中，科学家们正在研究把原子束缚在一起并赋予宇宙现有特性的基本作用力。

▶ 太阳是核能的"发电站"。在太阳的中心，宇宙间最强的力——强核力，使氢元素的原子核发生聚变，形成氦原子核，同时释放出巨大的能量。

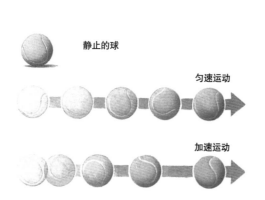

静止的球

匀速运动

加速运动

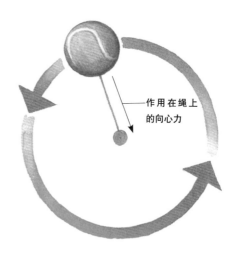

作用在绳上的向心力

匀速运动和加速度

当物体静止时，它所受的外力之和为零。物体以稳定的速度运动（科学家们称之为匀速直线运动）时也是一样的。然而，物体做加速运动时，必须外力之和不为零。加速度意味着运动状态的改变，包括速度的增减和（或）方向的改变。

圆周运动

没有外力作用时，物体会沿着直线运动。而物体如果要做圆周运动，就必须持续地改变运动的方向，这就需要向心力的作用，向心力给予物体一个持续的指向圆心的拉力。

运动

日常经验告诉我们，运动和静止是有差别的，然而事实上二者之间并没有严格的分界。沿直线水平飞行的飞机，座舱内的乘客会忘记自己正在运动。他们可以喝咖啡、在过道中走动，或者进入梦乡，丝毫不会感受到异常的外力存在。只有当他们朝窗外张望，看到云层向后移动时，才会意识到飞机正在高空中快速移动。

然而，当飞机起飞加速或者转弯时，情况就不同了。由于飞机的运动状态改变了，乘客们会感到有一种力，迫使他们的身体随飞机一起运动。当飞机加速时，座椅的椅背会把乘客向前推。在急转弯时，乘客必须抓紧座椅，以防身体发生侧滑。科学家们用加速度来描述这种运动状态的变化。当一个物体的速度加快或减慢，或者运动方向发生了改变，就会有加速度产生。

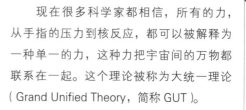

大开眼界

大统一的预感

现在很多科学家都相信，所有的力，从手指的压力到核反应，都可以被解释为一种单一的力，这种力把宇宙间的万物都联系在一起。这个理论被称为大统一理论（Grand Unified Theory，简称 GUT）。

力改变运动状态

艾萨克·牛顿意识到在静止和稳定的直线运动（匀速直线运动）之间，并没有本质差别。物体不需要力的作用，就可以保持匀速直线运动状态。我们骑自行车时需要一直踩脚踏板的唯一原因是，我们需要克服试图使我们减速的摩擦力和风的阻力。当摩擦力减小时，例如在溜冰场上，我们几乎不费力气就可以沿着直线匀速滑行。保持匀速直线运动状态不需要外力，这个事实被称为牛顿第一定律（在没有外力作用时，物体将一直保持静止或者匀速直线运动状态）。

力的合成

经常有两个以上的力同时作用在同一个物体上。当两个或多个力共同作用于物体时，物体最终的运动状态取决于各个分力的方向和相对大小。

如果两个力直接作用在一个物体上，二者大小相同，方向相对或者相反，并且在同一条直线上，则不会使物体运动。因为两个力彼此平衡，所以物体不发生运动，但是物体会被压缩，或者和下图中的小车一样被拉伸。

如果作用在同一物体上的两个力方向相反，但它们不在同一条直线上，那么物体会旋转。司机转动方向盘就是这种情况。

当两个力成一定角度作用于一个物体时，物体会在这两个力之间的某个方向上产生一个速度。这个方向称为合力的方向。

牛顿推断，只有当运动产生加速度时，才需要力的作用。力是物体间的相互作用，它能够改变物体的运动状态。力可以改变一个物体的运动速度和（或）方向。例如当球拍击中网球时，球拍会先使球减速，然后再将球朝反方向加速，使它飞回到球网的另一侧。链球运动员必须用很大的力拉线，才能让球做圆周运动。加速度的产生需要力的作用，这个事实被称为牛顿第二定律（物体受到合外力的作用会产生加速度，加速度的方向与合外力的方向相同，加速度的大小与合外力的大小成正比，与物体的质量成反比）。

▲ 在冰面上，摩擦力大大减小。所以冰球被运动员击中后，能滑到很远的地方。

▲ 牛顿第三定律对拔河比赛的解释是，两队作用在绳子上的力大小相等，方向相反，双方都要努力用脚踩蹬地面，产生足够大的摩擦力来平衡绳子的拉力，做不到的一方就会滑倒在地并输掉比赛。

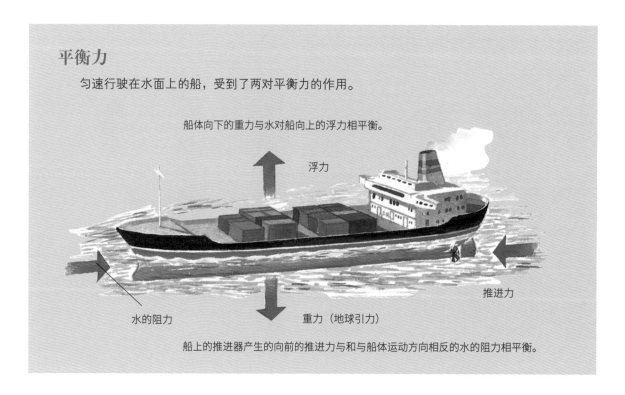

平衡力

匀速行驶在水面上的船，受到了两对平衡力的作用。

船体向下的重力与水对船向上的浮力相平衡。

浮力

推进力

水的阻力

重力（地球引力）

船上的推进器产生的向前的推进力与和与船体运动方向相反的水的阻力相平衡。

最后，牛顿意识到力总是成对出现，即作用力和反作用力，二者大小相等，方向相反，并且作用在同一条直线上。当我们举起重物时，能感觉到重物向下的压力，和我们举起它所用的力大小相等，方向相反。力总是大小相等、方向相反地成对出现，这个事实被称为牛顿第三定律（两个物体之间的作用力与反作用力总是大小相等，方向相反，并且作用在同一条直线上）。

▲ 当网球撞击到球拍时，球拍的作用力使网球的运动停止了，然后球拍又给球一个朝球网方向的加速度。

▲ 链球运动员必须快速转动链球，并在链条上产生强大的向心力，使链球做圆周运动。运动员一松手，向心力就停止作用了，球会立刻沿着直线飞出去。

牛顿运动定律

艾萨克·牛顿爵士于 1687 年发表了关于运动的三大定律，将自己在 20 多年前就已发现的力学理论公之于众。这三条定律如下。

第一定律：没有外力作用时，物体将一直保持静止或匀速直线运动状态。

第二定律：力产生加速度。力越大，加速度就越大。

第三定律：当一个物体对另一个物体施加作用力时，另一个物体也会对它有反作用力，这两个力大小相等，方向相反，并且都在同一条直线上（作用力和反作用力大小相等，方向相反）。

质量、力和加速度

　　当力作用在火箭上时，火箭会加速。如果作用力变为2倍，加速度也会变为原来的2倍。如果火箭的质量变为原来的2倍，作用力也变为原来的2倍，那么加速度保持不变。质量、力和加速度之间的关系式是由艾萨克·牛顿爵士计算出来的。

日常作用力

在我们的日常生活中，力在我们周围时刻发挥着作用，改变着物体的运动状态。

重力

重力就是把物体拉向地面的万有引力。万有引力不仅使地球上的物体具有了重力，还使月球在轨道上绕地球旋转，使太阳系的所有行星围绕太阳运动。

支撑力

当我们站在地板上或者斜靠在墙上时，会有一个力支撑着我们的重量，阻止你落进地里或者倒下去。支撑力和其他所有日常作用力（除重力以外）一样，来源于原子中带电粒子之间的电磁力。

张力

绳子被拉伸时产生张力，而绳子上原子之间的吸引，会产生一种抗张力。

▲ 在"哥伦比亚"号航天飞机里，失重的水泡由于摆脱了地球或月球引力的影响，而悬浮在机舱中。

摩擦力

一个物体表面在另一物体表面做相对运动时产生摩擦力。在不平的表面上，原子会彼此粘连或互相阻挡。所以在粗糙表面上的摩擦力要比光滑表面上的大。

压力

由液体和气体施加的压力来源于流体分子的运动。运动中的分子会持续撞击流动中的任何物体。

基本作用力

现在，科学家们也成功发现，自然界中所有的力都可以用四种基本作用力来解释。他们正在寻找一种理论，能用一种单一的力把这四种力统一起来。他们目前已经成功找到了其中两种力（电磁力和弱相互作用力）之间的联系。

引力

引力是所有具有质量的物体之间的一种微弱的吸引力。地球的质量赋予了物体重力，但是在太空中它们都是没有重量的。

电磁力

电磁力是组成原子的带电粒子之间的作用力。它比引力强得多，并且还产生除重力之外的所有日常作用力。由于电荷有正有负，电磁力也有吸引力和排斥力之分。

强相互作用力和弱相互作用力

强相互作用力和弱相互作用力是构成原子核的基本粒子之间的互相作用力。强相互作用力是最强的基本作用力。它能将原子核束缚在一起，让恒星燃烧，并使核电站里的放射性元素释放出强大的能量。

质量和加速度

同样大小的力作用在不同的物体上，产生的加速度大小是不同的。如果我们用同样的力抛出一个高尔夫球和一枚实心炮弹，质量较轻的高尔夫球会以更快的速度从我们手中出去。牛顿发现了这个规律，给出了力、质量和加速度的相互关系。如果物体的质量一定，对它施加的作用力变为 2 倍，那么产生的加速度也将变为 2 倍。但是如果力变为 2 倍的同时，物体的质量也变为 2 倍，那么加速度不变。

力、质量和加速度之间的关系被用来定义力的单位，这个单位被称为牛顿。使质量为 1 千克的物体每秒钟的速度增加 1 米／秒的力，就是 1 牛顿。因此在 1 牛顿的力的作用下，一个质量为 1 千克的物体，从静止开始运动，1 秒钟后速度变为 1 米／秒，2 秒钟后速度变为 2 米／秒，依此类推。有一个有趣的巧合：一个中等大小的苹果所受的重力，大约等于 1 牛顿。

自我观察

比萨难题

相传，伽利略在意大利的比萨斜塔上做了一个试验，他从斜塔的一侧同时扔下两个重物。尽管一个比另一个重，但是二者同时落地。这证明了伽利略的理论：所有物体以相同的速率下落。

你可以亲自试试，从卧室窗口扔下两个物体，比如一枚小硬币和一枚大硬币，看看结果如何。（注意附近人员安全。）

旋转的力

飞旋的自行车轮是否曾经把泥点溅到你的身上？或者由于没有握紧而从游乐场的转盘（一种类似于旋转木马的游乐设备）上被甩出去？这都是由于旋转力的作用．

物体维持圆周运动状态需要力的作用。当这个力消失，例如当泥巴从车轮上脱离，或者当你松开转盘时，物体就会停止做圆周运动，而恢复到直线运动状态。这个用来保持圆周运动的力被称为向心力。

艾萨克·牛顿在他著名的运动定律中提出，当没有力的作用时，物体将自然地保持静止，或者沿一条直线做匀速运动。力的效应是改变运动的速度或者方向。圆周运动是由一个始终与物体的运动方向垂直的力产生的，这个力使物体的运动轨迹保持在一个圆周上。因此，向心力必须不断改变自己的方向，并且一定要时刻指向圆周的中心（圆心）。

在切线处飞离

当你紧紧握住旋转的转盘时，你会感到好像有一个力试图把你从圆周上拉出去。你能感觉到你的手臂肌肉被拉伸，把向心力传递给身体的其余部位，并使其保持圆周运动

▶ 环形赛道上被垫高了的弧形边能提供强大的向心力，使得车手在过弯时的速度比在平坦路面上的过弯速度快得多。

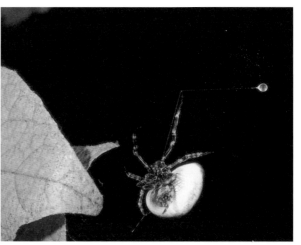

▲ 流星锤蛛会利用向心力来捕捉猎物。它们吐出一根丝，然后将一块树脂粘在丝的一端。接着，它们抡起蛛丝不停地旋转，希望有虫子粘在树脂上。向心力使蛛丝末端的树脂在圆周轨道上运动。

▲ 在游乐场里的旋转类设备中，向心力起着重要的作用。图中，向心力使人们在旋转到顶点的时候也不会掉落下来。游客前面的金属护栏只是为了以防万一，万一出现什么故障，设备不转了，护栏可以保护游客，以免他们在重力的作用下坠落。

状态。这个假想的向外的力被称为离心力。实际上，你的整个身体并没有受到向外的离心力的作用，而只有向内的向心力。这可以在你松开转盘，终止向心力时得到证明。如果离心力真的存在，那么你会向外飞出去。但事实上，你不会向外飞出，而是会沿着圆的切线方向飞出，这个方向正是你在松手瞬间的运动方向。

高速转弯

当车辆转弯时，向心力指向弯角的内侧，这样才能改变车辆的运动方向。弯角越急，车辆的速度越快，所需要的向心力就越大。在平坦的路面上，向心力由轮胎与地面之间的摩擦力提供。如果汽车转弯时的速度太快，或者路面被水、油或冰弄得很滑，导致摩擦力不够大，汽车就会向弯道的外侧打滑。

在为汽车或自行车比赛专门建造的高速跑道上，弯道处会被垫高。这就意味着向心力既由摩擦力产生，又由赛道对车辆的支持力提供。在垫高的赛道上，转弯速度可以达到更高。

运动轨道

艾萨克·牛顿在思考他的运动定律时，还解决了行星运动的难题。牛顿认识到，行星持续围绕圆周轨道运动需要力的作用。那么将月亮和行星保持在绕地或绕日的近圆轨道上的力是什么呢？牛顿的伟大设想是，这个力和把苹果拉向地面的力一样，都是万有引力。

但是为什么引力不会让月亮掉到地球上，也不会让行星掉落到太阳上，却只会让苹果掉到地上呢？因为苹果没有绕着地球运动！牛顿认识到，引力会给行星这样的运动物体一个向心力，这样它们的运动方向就会不断调整，以符合轨道的曲线。同时，由于它们的运动速度非常之快，所以它们不会掉落。

圆周运动

向心力使圆周运动成为可能。向心力的方向在圆周轨道的每一点上都与物体的运动方向垂直。

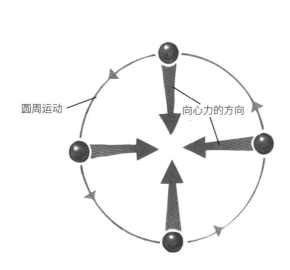

圆周运动

向心力的方向

泥巴沿直线飞出

旋转不息

当一个物体做圆周运动的时候，向心力把它向内拉。而表现出的向外的拉力实际上是物体的惯性，即物体总是试图保持原来的直线运动状态的性质。

直线运动

如果作用在物体上的向心力消失，物体将停止做圆周运动，恢复到直线运动状态。你可以在泥巴从旋转的车轮上甩出时观察到这一现象。

向心力在原子内部也起着作用。原子就像微型的太阳系一样运转着，带正电的原子核位于中心，相当于太阳，带负电的电子和行星们一样，在各自的轨道上运行。保持电子沿轨道运行的向心力是由正电荷和负电荷之间的吸引力提供的。

离心机

在实验室的离心机里，血液样品和其他化学物质的混合物在塑料管中高速旋转，这样里面的组合成分就可以分离开。血液是由细胞和悬浮于血浆中的大分子组成的混合物。血浆无法提供维持固体微粒和细胞做圆周运动所需要的向心力，于是它们就会被甩出来，并堆积到塑料管的底部。

引力

引力，与电磁力和核力一样，是自然界中最基本的一种力．它能让苹果落地，能使地球的大气保持在适当的位置，并能将行星固定在环绕太阳运行的轨道上．

与电磁力和核力相比，引力十分微弱。整个地球作用在我们身上的引力，远远小于把我们身体内的原子束缚在一起的电磁力。如果不是这样的话，引力就会把我们的身体像煎薄饼一样摊开。然而，尽管引力在强度上相对较弱，但它却在宇宙的形成过程中扮演着关键角色。引力作用存在于宇宙中所有的物质之间，是引力将宇宙中的物质聚拢起来，组成了行星、恒星和星系。

▲ 引力使骑车上山成为一项困难的任务．这是由于地球的质量把自行车和骑手都朝着地球的中心部位拉引．

▲ 英国科学家艾萨克·牛顿爵士在 1665 年第一个给出了引力理论．他直到 1687 年才在他的《自然哲学之数学原理》一书中发表了这个结果．

◀ 在太空中，由于远离了行星的引力，所有的物质，包括水，都是没有重量的。这种太空淋浴器就是为了能够让宇航员在这种困难的条件下洗澡而设计的。

万物相吸

引力作用于所有具有质量的物体。物体的质量越大，引力就会越强。两个苹果通过引力彼此吸引，然而这种吸引力太弱了，以至于无法被探测到。但是，我们能够感受到苹果和地球之间的引力——我们把这个力叫作苹果的重量。在月球上，苹果的重量仅仅是它在地球上的1/6。这是由于月球比地球轻，因此吸引苹果的力就不是那么强。

引力有两个关键的特征解释了它的普遍意义。第一，引力是吸引而不是排斥，它总是把物体拉拢聚在一起，而从不会把物体推开。第二，引力能够延伸到无穷远，它会随着物体间距离

黑洞

对于爱因斯坦的广义相对论的最新发展之一是"黑洞"这一概念。黑洞可能是一个大质量星体在燃烧、冷却、坍塌后形成的。当星体收缩时，其中心的引力变得如此之强，以至于它将空间卷曲成为一个甚至连光也无法逃离的洞。如果你穿过边界进入一个黑洞，引力或许会使你永远陷在里面！

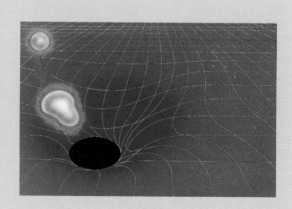

的增加而变弱，但是决不会完全消失。

尽管电磁力也能延伸到无穷远，但是电磁力既可能吸引也可能排斥。像地球这样的物体总是带有等量的正电荷和负电荷，它的电磁吸引力总是和排斥力平衡。核力比电磁相互作用更强大一些，但是它们的作用范围极小，只能在原子核里面起作用。这就解释了为什么是引力，而非电磁作用力和核力，作用于宇宙空间的物质并使之形成恒星，同时让行星保持在相应的轨道上。

远距作用

艾萨克·牛顿爵士第一个意识到了让苹果落地的力与让月球和行星在轨道上运行的力是一样的。牛顿知道，如果在月球和地球之间没有力，那么月球会沿着直线远离地球。他的观点是：引力让月球朝着地球"掉下"，持续改变月球的运行方向，因此它会沿着一个近似圆形的轨道运行。牛顿解出了月球"下落"的速率，并以此证明了平方反比律。

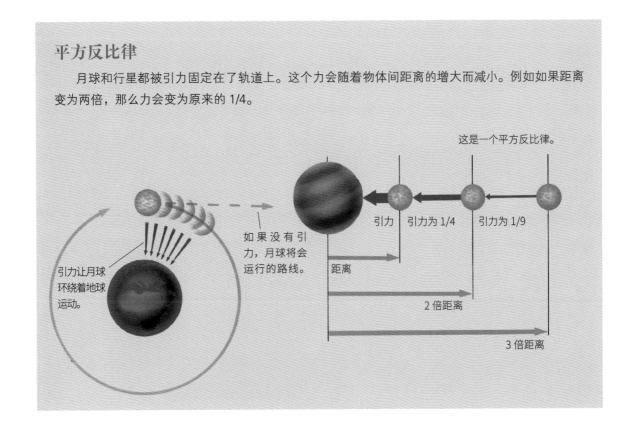

平方反比律

月球和行星都被引力固定在了轨道上。这个力会随着物体间距离的增大而减小。例如如果距离变为两倍，那么力会变为原来的1/4。

这是一个平方反比律。

引力　引力为1/4　引力为1/9

如果没有引力，月球将会运行的路线。

引力让月球环绕着地球运动。

距离

2倍距离

3倍距离

越来越快

在地球上，引力使下落的物体在每一秒钟内拥有大约 10 米 / 秒的加速度。这就意味着如果一个静止物体下落一秒钟，那么其速度就是 10 米 / 秒；如果下落两秒钟，那么其速度就是 20 米 / 秒。

地球的引力的加速度被称为 g，它的数值约是 9.8 米 / 秒^2。

如果地球上没有空气，那么所有物体都会以这个比率加速。实际上，空气阻力使羽毛的下降速度比锤子慢很多，因为相对于锤子来说，羽毛太轻了。

同时释放锤子和羽毛。

如果引力是唯一作用于它们的力，那么锤子和羽毛将同时落地。

羽毛被空气的阻力支撑起来。

锤子首先落地。

爱因斯坦的宇宙

如果牛顿并没有理解引力是如何起作用的，那么直到今天引力仍然会难以被理解。然而，90 多年前，伟大的科学家阿尔伯特·爱因斯坦发表了一个理论来帮助我们理解引力。在他的《广义相对论》（1916）一书中，他是这样解释引力的：想象一个有质量的物体，例如一颗恒星，会让它周围的空间弯曲，就像一个在橡胶片上静止的滚珠能把橡胶弄出一个凹坑一样；在这颗恒星附近的另一颗恒星会滑进弯曲的地方，就像一粒石弹子儿滚进橡胶中的凹坑一样。由于我们无法看到空间的弯曲，我们便用这种看不见的吸引力——引力来解释星体的运动。

热和温度

餐桌上有两个盘子，一个是刚从冰箱里取出来的，另一个是刚从烤箱里取出来的。洒到第一个盘子上的水珠会渐渐冷却下来，并在盘子表面凝结成冰霜。另一个盘子上的水珠则不停地跳动，并发出嗞嗞声，最终它们化成雾状的水蒸气，消失在空气中。半个小时以后，两个盘子的差别就会消失。此时再往盘子上喷洒水珠，水珠的形态不会发生改变。

我们对日常
生活中的冷热
感觉已经非常
熟悉，所以上述
现象不难理解。从
烤箱中取出来的盘子
太热，所以水珠会沸腾；
从冰箱里取出来的盘子太凉，所
以水珠会凝结成冰霜。一段时间以后，温度高的盘子就会
变凉，温度低的盘子则会变热，最终两个盘子的温度与室温
相同。

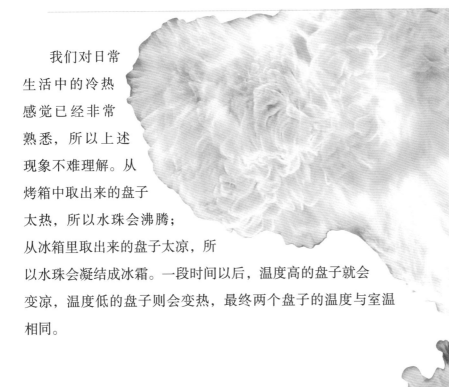

▶ 喷火表演非常壮观，但也非常危险。物质在剧烈燃烧时会产生大量的热，火焰距离身体太近，就会烫伤皮肤。可见，喷火表演只能由专业人士来完成。

但是，热和冷到底是什么呢？在温度高的盘子里到底存在什么物质使它和温度低的盘子不同？为什么温度高的盘子会冷却，温度低的盘子会升温？在过去几个世纪里，没有人知道热是什么。一些科学家曾经认为热可能是某种看不见的液体，在物体间流进流出。直到原子和化学键（可以把多个原子束缚在一起）被发现后，人们才揭开温度和热的神秘面纱。

热、能量和原子

原子总在不停地运动。组成固体（比如瓷盘）的原子被化学键固定在一定的位置上，化学键虽然能将若干个原子束缚在一起，但是这种束缚并不十分牢固。我们可以把化学键想象成弹簧，它允许自己束缚的原子摇摆、振动。原子在振动时所需要的能量，与日常生活中我们所说的热和温度有着直接关联。当一个物体被加热时，它的原子和分子会振动得更加剧烈。科学家们认为：热的物体具有更多的内能，它们储存在原子的随机运动中。当物体冷却时，能量会从该物体中转移出去，物体的原子的振动也随之减弱。

热和温度

烧开满壶水所花费的时间要比烧开半壶水多，这个现象说明热和温度有根本区别。如果将两个水壶中的水加热到相同的温度（100℃），满壶水需要更多的热能，这是因为有更多的水分

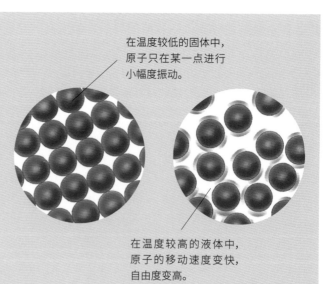

原子的运动

原子总在不停地运动。当物体的温度较低时，物体中的原子只在某一点进行小幅度振动。当物体被加热后，原子就开始进行强有力的振动。如果固体被加热到一定程度，那么原子的移动速度会变得非常快，从而使固体变成液体。如果液体被加热到一定程度，就会变成气体，此时，气体中的原子完全处于自由状态。

在温度较低的固体中，原子只在某一点进行小幅度振动。

在温度较高的液体中，原子的移动速度变快，自由度变高。

子需要被加热。物质所含热能的大小，与储存在原子和分子运动中的内能总量有关。

物质的温度则与储存在每个原子中的能量平均值有关。储存在海洋里的热能总量远远超过一杯开水的热能总量，但是开水中的单个水分子比海洋中的单个水分子具有更多的能量，因此杯子中的水比海洋中的水温度高。如果把这杯开水倒进海洋里，

杯子中能量较高的水分子与海洋中能量较低的水分子碰撞后，能量较高的水分子会把多余的能量转移到能量较低的水分子中去。这样，来自杯子中的水就会变凉，海洋中的水却会变热。但是，海水温度的变化幅度可谓微乎其微，这是因为海洋中的水分子数量太多，以至于单个水分子的平均能量只增加了一点点。

温度计

我们无法直接观察到物体中原子的振动情况，所以也无法直接判断出该物体温度的高低。但是，原子的振动会对物质产生一定影响，于是科学家们利用物质的这种特性制造出了温度计——一种用来测量温度的仪器。几乎每种物质受热后都会膨胀，这是因为原子的振动变得越来越剧烈，使得原子间的距离越来越大。我们所熟悉的医用水银温度计就是基于这个原理制造出来的。玻璃泡（在温度计的下端）中的水银受热后发生膨胀，并沿着狭窄的玻璃管不断向上爬升，之后我们根据水银柱顶端所对应的刻度值就能获取被测物体的温度。

原子的振动也会影响物体的导电能力。金属的电阻会随着金属温度的升高而增大，这是因为原子的振动使得电子的运动受阻。基于这个原理，科学家制造出了温度传感器（配有数字指示器）。

在特定温度下，一些物质的颜色会变得非常亮，液晶温度计上面的数字就是由这样的物质形成的。液晶分子对光线进行反射后会产生图像，这跟水面上的油膜在日光的照射下出现彩色图像的原理相似。图像的颜色随着温度的变化而变化。

温标

温标是用来量度物体温度高低的标尺。目前，科学界通常使用两种温标，即百分温标，也称摄氏温标（℃）；绝对温标，也称开氏温标（K）。绝对温标中的零度（0K）不是冰点，而是

绝对零度，即可能达到的最低温度。在绝对零度下，原子完全停止运动，事实上它们失去了所有的动能。绝对零度相当于摄氏温标中的 –273.15℃。

从理论上讲，即便是冷却效果最好的冷却器也不能将物体冷却到真正意义上的绝对零度。因为如果想把物体中的最后一点热量排出去，就需要有更冷的物质来吸收这些热量，然而没有什么物质的温度能够比绝对零度还低。目前，在实验室中所能达到的最低温度仅比绝对零度多0.5 纳开尔文（1 开尔文相当于 1 摄氏度，1 纳开尔文等于十亿分之一开尔文）。科学家发现，物质在极端低温下有着非同寻常的特性。当一些物质被冷却到接近绝对零度时，它们就会变成超导体。液氦在接近绝对零度时会变成超流体，此时它们在管道里流动不会产生任何摩擦力。

热辐射

拨火棍的顶端在火中加热后，会发出红光。这是因为拨火棍中的原子在振动时会以电磁辐射的形式产生可见光。事实上，对所有物体来说，只要组成该物体的原子发生振动，它们就会产生这样的热辐射。物体的温度越高，热辐射释放出来的能量就越大。虽然人体和建筑物的热度还不足以发出可见光，但是利用特殊的摄影仪能够探测到它们发出的红外线，并能使之转换成红外线图像。这种图像上的伪色彩显示了体表温度的变化情况：红色表明温度最高，白色表明温度最低。

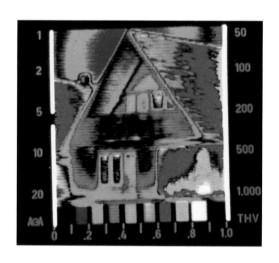

▲ 热录像仪能够探测到建筑物的热量流失情况。在图像底部，色键按温度高低依次排列，黑色表明温度最低，白色表明温度最高。屋顶处红颜色的部分表明该处温度较高，隔热性能比较差。

放射性和核反应

原子核反应和放射性的发现，永远改变了我们的世界。原子弹、核能、放射疗法，以及碳元素测年法只不过是在这些高危现象中发现的少数几种用途而已。

1896年，亨利·贝克勒尔（法国物理学家，1903年获诺贝尔物理学奖）发现含铀盐会让照相机的底版起灰雾，这是放射性的最早发现。几年以后，玛丽·居里（出生于波兰的法国物理学家，1903年获诺贝尔物理学奖，1911年获诺贝尔化学奖）发现了另外两种放射性元素，并证实它们的放射性是由原子的衰变（破裂）引起的。她还确认了有两种类型的辐射，一种是阿尔法（α）辐射，另一种是贝塔（β）辐射。第三种类型的核辐射——伽马（γ）辐射——是她的丈夫皮埃尔·居里在1900年发现的。

电离辐射

X射线和核辐射（阿尔法辐射、贝塔辐射、伽马辐射）都是电离辐射的形式。低度的电离辐射会引发癌症和白血病，高度的电离辐射则会引发辐射病，并导致死亡。

大部分天然放射性元素都具有重的、不稳定的原子核。原子核的分裂时间是随机的。当它们分裂时，会同时向周围的环境中发出辐射。

阿尔法（α）辐射是在微小的粒子脱离放射性元素的原子核时产生的。这些粒子是由两个带正电的质子和两个中子组成的，就和氦的原子核一样。当辐射发生时，放射性元素会丢失两个质子，因此它的原子序数会减少二，并形成新的元素。例如当原子序数为88的镭元素在发生反应时，会失掉一个阿尔法粒子，于是就变成了原子序数为86的氡元素。

最初，阿尔法粒子会以每秒2000万米的速度运动，但是它们很快就会用完能量，仅仅运动几厘米后速度就会慢下来。阿尔法粒子带正电，能吸引带负电的电子，这二者就会迅速结合组成氦原子。这个过程被称为电离。

▲ 这些羽毛状的粉红色光线是水池表面放出的电流。在这个水池中，有一个世界上最强大的粒子束熔合加速器。这套设备被用来探索将核聚变投入商业使用的可行性方法。如果成功了，就可以实现大量廉价而洁净的能量供应。

　　贝塔（β）辐射，或者贝塔粒子，是离开了放射性元素不稳定的原子核的电子或正电子流。正电子和电子很相似，但它们带正电而非负电。贝塔辐射以光速进行。这些粒子能穿透人体的皮肤，但是一张薄铝片就可以阻挡它们。

　　伽马（γ）辐射（伽马射线）是一种以光速进行的高能电磁辐射。伽马射线能穿透人体，但是会被厚厚的混凝土层或者铅块挡住。它们不像 α 辐射和 β 辐射那样对人体有害，因为它们并不直接产生电离——它们不会与周围环境中的带电粒子发生作用。然而，它们会破坏和自己直接接触的任何原子的原子核。这会导致微小的粒子从原子核中离开，从而破坏原子，导致电离。X 射线和伽马射线一样，也是电磁辐射的一种。它们也以光的速度传播，但是它们的波长比伽马射线的长。X 射线同样能穿透人体，大剂量的 X 射线照射会造成与人体在伽马射线辐射下类似的伤害。

衰变和半衰期

当不稳定的元素发出辐射时，它们的原子量会发生变化，变成更轻的元素。这被称为放射性衰变。放射性元素中一半的原子发生衰变所需要的时间被称为半衰期。

例如人造元素镄的半衰期是 7 个小时。7 小时后，在含有 100 个镄原子的样品中，会有 50 个原子转化成为其他种类的元素，余留 50 个不稳定的镄原子；再过 7 小时，就只有 25 个镄原子被留下来；再过 7 小时，就只剩 12 个或 13 个镄原子了。

原子核反应

并非只有不稳定的放射性元素才能转换成其他元素。通过用诸如质子之类的高能量粒子撞击稳定的或不稳定的元素，也能促使这些元素转化成其他元素。这种人工造成的变化被称为原子核反应。其中最有用的两种原子核反应是裂变和聚变。

在原子核反应中

热核反应堆中有一个高压容器，里面装着反应堆的堆芯。堆芯中有水平放置的燃料棒和控制棒，它们被减速剂和冷却剂包围着。当堆芯运行时，铀原子被中子分裂，释放出更多的中子，并以热能的形式释放出能量。减速剂会使中子的速度慢下来，从而使中子可以分裂其他的铀原子。控制棒会通过吸收多余的中子来调整裂变反应速度。因此，通过升高或降低控制棒，可以加快或减缓核反应的速率。冷却剂把热量传送给热交换器，再传送到发电机中。

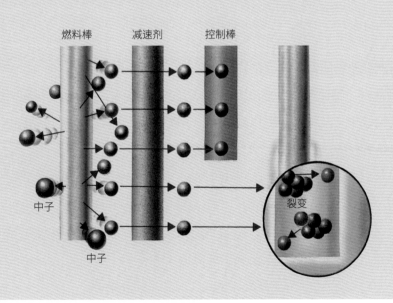

燃料棒　　减速剂　　控制棒

中子

中子

裂变

你知道吗？

看不到的敌人

来自地球上天然放射性物质的少量辐射，无时无刻地包围着我们。在通常情况下，这些辐射的水平都相当低，并不会对我们造成伤害。但是有些地区的辐射量却很高。如图中的英格兰康沃尔地区，那里有大量的氡，这是一种来自地下铀矿的放射性气体。在户外，它会消散在空气中。但有时它会聚积在室内并造成危害。如果氡被吸入人体并停留在肺里，身体就会暴露在大剂量的致癌辐射之下。处于高含量氡气威胁下的建筑物都要配备特制的空气泵，以排出氡气。

▲ 当这些废燃料棒被保存在水中等待回收时，它们会释放出一种被称为切伦科夫辐射的奇异的蓝色灼光。

核裂变在能量产业中被用来发电。在核反应堆中，散杂的中子被射向重铀 235 原子，从而释放出原子核中的能量。铀原子被中子击中时，原子核就会分裂，释放出两个或更多的中子，以及一些放射物。这些中子又可以分裂其他的铀原子核，以此类推，从而启动链式反应。这个分裂的过程被称为裂变。在裂变发生时，原子核就能以热能的形式释放出能量。

核反应堆中的链式反应是以稳定的速率进行的，会持续地释放出热量。不过在核武器中（裂变的最先应用），链式反应不受任何控制，可以对能量进行即时释放。

核聚变是发生在两个轻原子之间的，如氘和氚（氢的同位素），它们会以非常高的速度碰撞，然后熔合在一起。结合在一起的氢原子变成氦原子和一个中子。原子熔合时释放出能量，这种能量又促使其他的氘原子和氚原子熔合，链式反应就这样开始了。

▲ 戴上长长的橡胶手套，科学家们就可以安全地操作保存在密闭柜子里面具有放射性的钚。图中的科学家们正在制造一种燃料棒上的小钚球，它将被用在中子的增殖反应堆中。

▲ 美国国家工程实验室里的工程师们，正在先进的核试验反应堆的堆芯中工作。为了保证反应堆不会像原子弹一样爆炸，堆芯已经被水冷却并做了减速。

原子爆炸

核反应有两种类型：裂变（重原子核被中子分裂）和聚变（两个轻原子核互相撞击并熔合组成一个重原子核）。

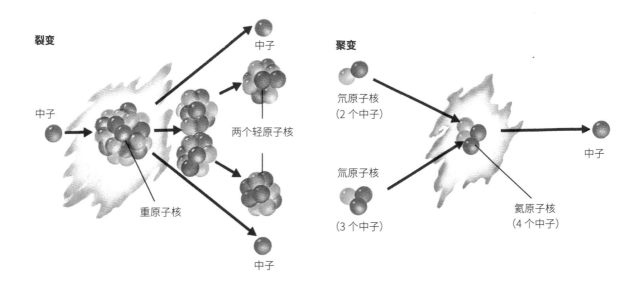

裂变

中子

重原子核

中子

两个轻原子核

中子

聚变

氘原子核
（2 个中子）

氚原子核
（3 个中子）

氦原子核
（4 个中子）

中子

▲ 2011 年 3 月 11 日，日本发生里氏 9.0 级地震，引发海啸与核泄漏，图中显示当时福岛核电站 1 号和 3 号反应堆发生氢气爆炸，浓烟从电站上空升起，造成十几名抢险人员受伤。专家担心，本次地震可能造成"长期而缓慢的核泄漏"，污染程度不可估量。

▲ 高压的 X 射线正在被用于癌症患者的化疗中。病人胸部的光线图案由铅块制成，它显示了在病人身上需要接收辐射的区域。

▲ 核废料既能以液体形式存储在有多层外壳的容器中，也可以和熔化的玻璃混合在一起制造成锭形浇铸物。这些浇铸物能在地下室里存放好几千年。

碳元素测年法

碳元素测年法被考古学家和人类学家用来测定古代物品的遗存年代。所有活着的植物和动物都会从空气中的二氧化碳或者吃的食物里吸收少量放射性碳 14 同位素。当它们死亡后，碳 14 就不再进入生物体内，而遗留在死亡动物或植物体内的放射性同位素则会衰变。

碳 14 在衰变时会发出 β 射线，它的半衰期为 5730 年。这种特性就能被用来测定动物或植物究竟生存在多长时间以前。近来发掘出的化石、法老的木乃伊，以及冰冻的猛犸（也称毛象，一种古代生物），都是通过测量它们体内释放出的射线含量来确定年代的。

◀ 技术人员正在修理被用在核燃料回收车间中搬运燃料罐的机械臂。这些技术人员实际上并没有看起来这么胖，他们的衣服都被加压了，以阻隔放射性尘埃。

杀死疾病凶手

在 X 射线的穿透性质被发现后不久，利用高瞄准度的 X 射线光束杀死人体内的恶性肿瘤细胞的设想就成了现实。现在，X 射线是治疗癌症最常用的方法之一。

X 射线可以间接杀死人体内的癌细胞。当它们在穿透癌细胞时，会释放出电子，瓦解癌细胞中的原子核，同时通过电离来破坏周围的癌细胞。但是，有的癌细胞对 X 射线具有抵抗能力，还有的癌细胞会在受创后进行自我修复。

放射治疗的另外一种可以选择的形式是用中子代替 X 射线。它们不会直接破坏原子，而是从原子核中释放出阿尔法粒子和质子，从而对周围区域造成严重破坏。被阿尔法粒子和质子轰击的癌细胞的 DNA 会被破坏，直至无法修复，从而杀死恶性肿瘤。但是，X 射线和中子对它们经过的所有原子核来说都很危险，它们在摧毁癌细胞的同时，也一样会伤害健康的细胞。

电磁波谱

每天，发生在太阳中心的核反应都在产生电磁辐射，并发射到太空中。光就是这些辐射中的一种。没有阳光提供的能量，地球上的大部分生命都会死去。然而，某些其他种类的电磁辐射则对生命机体有着极大的害处。

不仅是太阳，很多其他物体也可以发出电磁辐射。新锻造出来的钢梁、计算机的显示器，甚至我们的身体，都会发出各种电磁辐射。电磁辐射是因电荷的振荡或加速而产生的，是一种由电波和磁波组成的能量波（电磁波）。不同种类的电磁辐射有着不同的波长和频率，但是在真空中，它们都以光速传播。

电磁波的波长是指两个相邻波峰之间的距离。它的范围从百万分之一厘米到数千千米不等。波的频率是用赫兹来衡量的，它表示在 1 秒钟内通过某一点的完整的波的数目。把不同种类的电磁波按照波长和频率排列起来，就是电磁波谱。按照频率的降序排列，电磁波谱包括宇宙线光子、伽马射线、X 射线、紫外线、可见光、红外线、微波和无线电波。

低端频谱

波长在几毫米到几千米之间的电磁波是无线电波。商业广播的电波是由无线电发射机的天线中的电流反复振荡产生的。

不同频率和波长的波有着不同的用途。波长只有几毫米的无线电波通常被称为雷达波，因为它们最常用于雷达系统。同理，波长在 30 厘米左右的无线电波被称为电视信号波。

微波是频率在雷达波和红外线之间的高频波。它常被用于微波炉中，用来振动食物中的水分子。水分子的运动会产生足够的热量来烹饪食物。红外线的波长和频率都接近于可见光，温暖的物体，例如热的烤锅，都可以发射出红外线。

▼ 位于美国新墨西哥州索科罗市附近的甚大阵射电望远镜（VLA）是世界上最大的射电望远镜阵列，每个碟形天线把来自外太空的无线电波聚焦到接收器上，组成阵列的 27 个碟形天线提供的数据，被中心计算机组合在一起，产生出一张无线电图像。

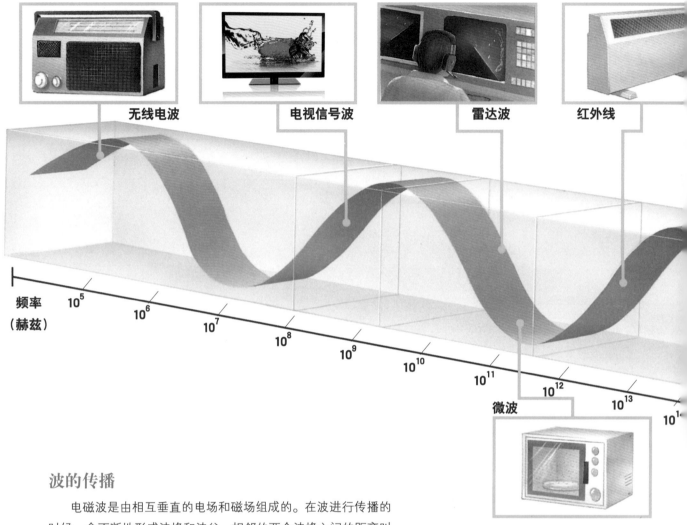

无线电波

电视信号波

雷达波

红外线

频率
（赫兹）

10^5 10^6 10^7 10^8 10^9 10^{10} 10^{11} 10^{12} 10^{13} 10^1

微波

波的传播

电磁波是由相互垂直的电场和磁场组成的。在波进行传播的时候，会不断地形成波峰和波谷。相邻的两个波峰之间的距离叫作波长，在一定时间内通过某一点的波的数目叫作频率。

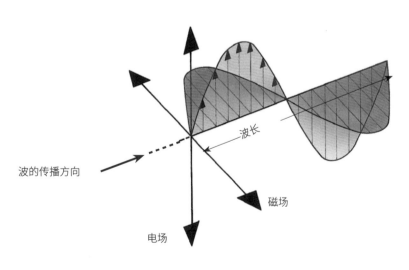

波长

波的传播方向

磁场

电场

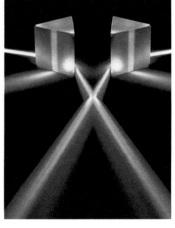

▲ 白光是不同波长和颜色的电磁波的混合体。棱镜可以把白光分散成一个色谱。

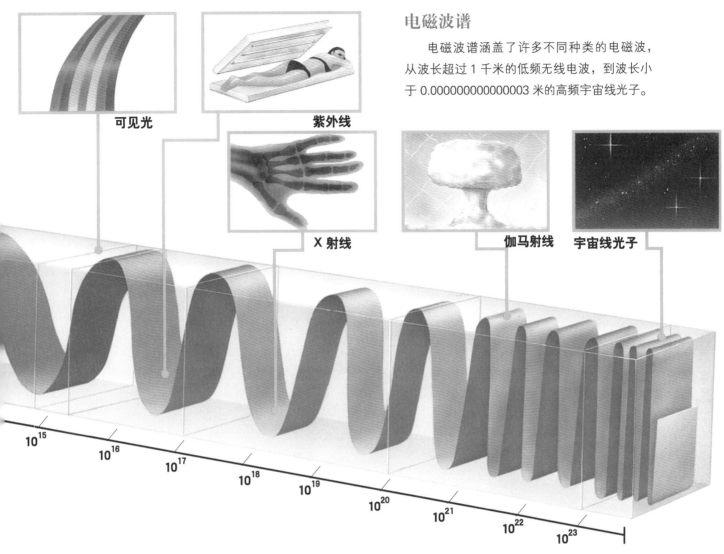

电磁波谱

电磁波谱涵盖了许多不同种类的电磁波，从波长超过 1 千米的低频无线电波，到波长小于 0.000000000000003 米的高频宇宙线光子。

可见光

紫外线

X 射线

伽马射线

宇宙线光子

10^{15}　10^{16}　10^{17}　10^{18}　10^{19}　10^{20}　10^{21}　10^{22}　10^{23}

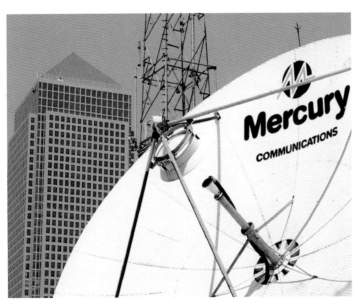

◀ 位于伦敦道克兰的碟形卫星天线是一个庞大的通信网络的一部分。它通过将微波反射给地球轨道卫星，再把信息传送到世界各地。

北极光

　　当来自外太空的含有高能带电粒子的宇宙射线撞击高层大气中的原子时，就会产生瑰丽的北极光。这些宇宙射线经常会激发原子核里的质子和中子，导致释放出伽马射线和宇宙线光子。

生命的光波

　　光波也是一种电磁波，它的振动频率在人眼可以探测的范围内。来自太阳的自然光是由一系列不同频率的光波组成的。每种频率的光波在我们看来都是一种不同的颜色。例如红光是频率约为 4×10^{14} 赫兹的光波，而蓝光是频率约为 7.5×10^{14} 赫兹的光波。当所有不同种类的可见光波混合在一起时，就呈现为"白光"，当它们分散开时，就呈现出一道彩虹或者光谱。

致命的射线

　　我们的视力极限和其他动物的不太一样。有些传授花粉的昆虫既能看到可见光，又能探测到紫外线。有几种花充分利用了昆虫的这一特性，它们通过花瓣在紫外线下显现出的图案来宣告自己的存在。比如洋地黄会标记出多条紫外线"跑道"，通向自己的每一朵钟形花。对于那些嗡嗡作响地穿梭在树林中的蜜蜂，紫外线的邀请和可口大餐的许诺把这种花变成了它们无法抗拒的降落点。然而，能够看到紫外线影像的昆虫不得不当心那些伪造的陷阱。条纹园蛛在网上将蛛丝织成缎带结构，可以反射紫外线，从而引诱飞虫自投罗网。粗心的昆虫会认为蜘蛛网是一朵花，而直接飞到黏性陷阱中去。

X 射线和伽马射线

　　位于波谱高频端的电磁波，比如 X 射线和伽马射线，对生命有机体都是有害的。X 射线产生于原子被高能电子轰击的过程中。原子被轰击后，原子内的电子被迫从正常位置跳跃出去，然后，另一个电子会跳跃到这个空位上，同时释放出一个波长在 X 射线区间内的高能光子。而伽马射线产生于原子核瓦解时。

▲ 这张由固体传感器记录下来的温度图，显示了一个人的头部及躯干发出的红外线的情况。温度最高的区域标记为黄色，温度最低的区域标记为蓝色。

▲ 科学家们可以用一种在紫外线下发出荧光的化学物质给 DNA 片段染色，从而在实验过程中监视它们的位置。

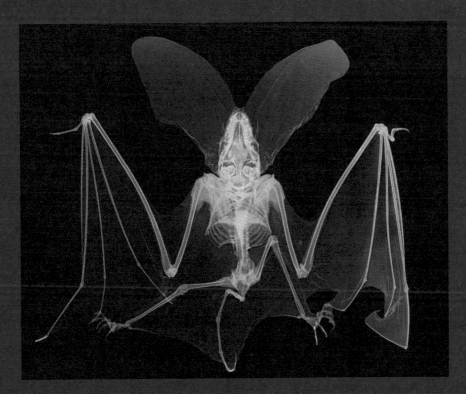

▲ X 射线能够穿透动物体内的软组织，但是会被骨头和牙齿所阻挡。医生和兽医用它来发现骨折。很幸运，这只大耳蝙蝠看起来十分健康。

光

许多古代文明相信光是太阳神的恩赐，他们认为如果不每天对太阳神顶礼膜拜，他就会用消失光来表达自己的愤怒。这会导致地面温度降低，河流和湖泊冻结，动植物随之死亡。

古代人知道很多关于光的知识。他们知道，光从光源发出后，会沿着直线向各个方向传播，如果被人或物体挡住，就会出现影子。例如月食就是由于地球挡住了太阳光，使光线无法到达月球的结果。换句话说，即地球遮住了月球。古人也认识到了光是一种能源，有很多用途，包括烘干泥砖、烧水和晒制干肉。

动植物也利用光进行各项生理活动。植物在光合作用中把光能转化为化学能，制造出葡萄糖和淀粉。爬行动物依靠太阳光的热效应来使身体升温，以进行日常活动。人类的眼睛会把光信号转换成电信号，并通过视觉神经传导至大脑。

▲ 植物在光合作用时吸收红光，而绿光通常被反射回去，这就是为什么大多数植物看起来是绿色的。例如图中英国伦敦皇家植物园里的植物。

什么是光

给光的本质下一个定义使科学家们困惑了很多年。在 17 世纪时，艾萨克·牛顿提出了光由微小的粒子流构成的理论。大约在同一时间，荷兰科学家克里斯蒂安·惠更斯提出，光是通

▲ 图中，科学家们正在利用激光制作全息图像。当激光材料（如红宝石晶体）中的电子被激发并释放出光子时，激光束就产生了。

自我观察

古代的时钟

在现代时钟发明以前，人们通过读取日晷的影子来确定时间。我们可以在花园里自己做一个日晷。将一张卡片剪成一个圆盘，并在卡片中心穿过一根毛衣编织针。然后把织针插在地面上，将影子在每个整点时间落在卡片上的位置标记出来，作为时间的刻度。这样，只要在阳光明媚的天气，就可以通过影子的位置读取时间了。

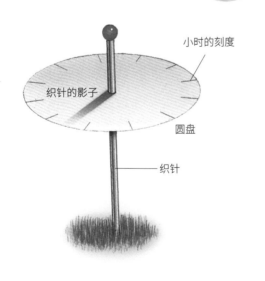

小时的刻度

织针的影子

圆盘

织针

量子理论

量子理论认为光是由粒子（光子）流构成。当为原子提供能量，比如对其加热时，一个围绕原子核运动的电子就会吸收能量并暂时跃迁到更高的能级上。当电子回到原来的能级时，它就会释放出一个光子。所发出的光的颜色及频率取决于这两个能级的能量差。

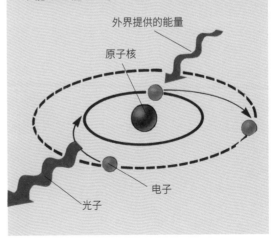

外界提供的能量

原子核

电子

光子

过波动传播的。现在，科学家们认为这两种理论是相辅相成的。在量子理论发展过程中所进行的实验表明，光在一些情况下表现出波的特性，比如光被镜面所反射，但是在另一些情况下，光表现出粒子流（光子）的性质。

热光与冷光

几乎所有的光源都是炽热的。太阳、蜡烛的火焰、电灯的灯丝和红热的烙铁都是"热"的白炽光源。然而，还有一小部分光源以磷光或者荧光的形式发出"冷"光。

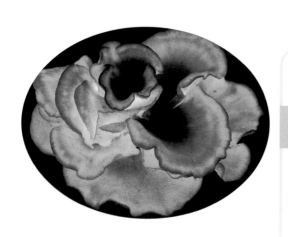

▲ 在白天，这团蘑菇看上去再正常不过了，但是当夜幕降临后，它就会闪耀出阴森的光。这种会发光的蘑菇在很多热带森林中都十分常见，在那里它们奇异的光吸引着昆虫的到来——也许它们应该被叫作蘑菇灯！

▼ 这些多彩的肥皂泡看上去好像是光被分散成了光谱，但是实际上它们的彩色条纹和漩涡是因为光波的干涉而形成的。当两列反射光波叠加在一起时，它们的颜色有时会变得更加炫目。

自我观察

制造彩虹

彩虹是在光线穿过大气中的雨滴时形成的。每个小水滴都起着棱镜的作用，把光分散为不同的颜色。这个过程可以模拟。在阳光灿烂的日子，把一块平面镜放在透明的水槽里，调整位置及角度，让平面镜将阳光反射到一面白墙或者一张白纸上，就可以得到彩虹。

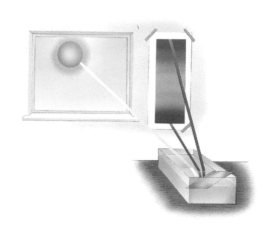

萤火虫及深海鱼类发光是因为氧与一种蛋白质和酶的混合物发生化学反应，反应产生的能量传递给动物体内部分原子中绕核旋转的电子，能够把它们激发到更高的能级上运行片刻。当电子回到原来的轨道上时，它们就会释放出在可见光范围内的电磁辐射，即发光。这种在动植物体内产生的发光现象，称为生物发光。

某些细菌、矿物和真菌在紫外线的照射下也会发出荧光。它们的电子利用紫外辐射跃迁到更高的能级上。然后当电子返回到正常的位置时，它们就会发出可见的荧光。

彩虹光谱

当光从致密的介质传播到非致密的介质中时，它的传播速度和方向都会发生改变，反之亦然。一般而言，介质越密，光在其中的传播速度越慢。组成可见光的每种不同波长的光速度减慢的幅度都是不同的，同样被折射的角度也是不同的。在光进入又离开第二种介质后，光波会散开，或称散射，从而形成了光谱。例

光波相遇处

两列光波相遇时会发生干涉现象。

如果两列光波相遇时，其波峰刚好处于相同的位置上，二者就会叠加成一列振幅更大的光波，变成更亮的光。

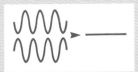

如果两列光波相遇时，其波峰的位置恰好相反，这两列波就会彼此消减，导致光线变暗。

通过透镜观察

凹透镜
当光线通过凹透镜时它们会发散。但是我们的眼睛觉得光线是沿着直线传播的，所以我们看见的物体是一个缩小的虚像。

凸透镜
如图所示，凸透镜会使光线向中间弯折，从而令物体看起来比实际的大。这时，眼睛会看到一个比实际物体更大更远的虚像。

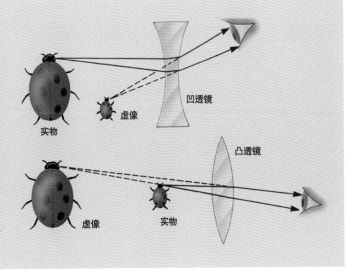

如一个玻璃三棱镜会把白光分散成光谱，因为波长较短的紫色光比波长较长的红色光被折射的幅度更大。

光与其他形式的电磁辐射有很多共性。可见光是电磁波谱中的一小部分，它们的波长在 7.5×10^{-7} 米到 4×10^{-7} 米之间。当所有波长的可见光混合在一起时，它们表现为自然光。然而，如果把光分开，则每种波长的光表现出一种不同的颜色。波长最长的可见光是红光，波长最短的是紫色光。这两种颜色之间的其他颜色分别是橙、黄、绿、蓝和靛。彩虹就是在空气湿润且阳光明媚的天气里，太阳光线穿过大气中的小水滴而形成的光谱。

光在真空中以 3×10^8 米 / 秒的速度传播，这意味着阳光从太阳传播到地球仅需要 8 分钟。光既具有波的性质，也具有粒子的性质，它可以被反射和折射，也能发生干涉和偏振现象。

光的反射

当光遇到一个物体，至少有一部分会被反射。这就是我们能看见物体的原因。然而，光是否能形成一个反射图像则取决于物体表面的性质。不规则的反射面会向各个方向反射光线，而光滑平坦的表面，例如镜子或者平静的水面，则以规则的方式反射光线，从而形成一个像。

一束光波碰到镜面时，会发生反射并成像。平面镜使我们能够看到自己。然而，从镜子中看到的像和直接看物体是不一样的。镜子里的像是左右颠倒的。例如如果我们从镜子中看自己，我们左侧会变成右侧——这个像是侧向反转的。国外的警车和救护车通常标有侧向反转的标记，以使前面的汽车司机可以在后视镜里识别出来。

光谱鉴定

化学物质可以通过光穿过它们时产生的光谱来进行鉴定。每种化学物质都会吸收不同频率的光，因此最终形成的光谱具有自己独有的特征。科学家们将这种现象运用到了光谱仪中。他们让光线通过一个样品，然后再通过衍射光栅及一个或多个透镜，从而分散成光谱。将这种未知化学物质的独特光谱和已知物质的光谱进行对比，就可以鉴定出样品的成分——就和用指纹识别一个人一样。

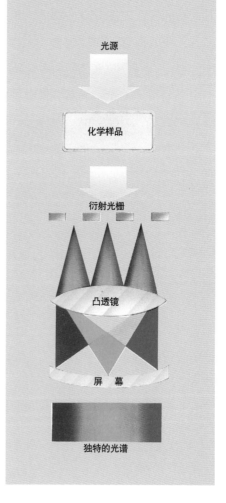

光源

化学样品

衍射光栅

凸透镜

屏 幕

独特的光谱

挡住光线

偏振滤光片只允许光从一个平面穿过。如果两个偏振片垂直放置，就没有光线能够通过。

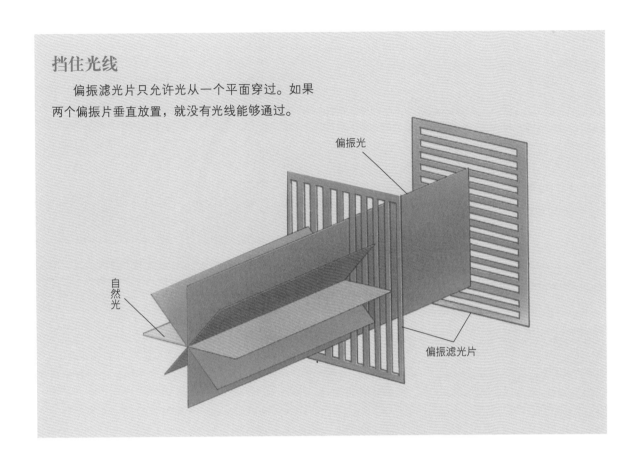

偏振光

自然光

偏振滤光片

透镜与虚像

并不是所有的电磁辐射在遇到物体后都会被反射。透明的介质，例如水和玻璃，允许光线穿过它们。当光从空气中射入透明介质中时，光线会发生弯折，或称折射。把一支笔放到一杯水中，由于折射作用，笔看起来会是弯曲的。透明的介质，尤其是玻璃透镜，以这种方式弯折光线的能力常被用来放大或者缩小图像的尺寸。最普通的透镜是凸透镜和凹透镜。这两种透镜和相应的变形被用在眼镜、相机、双筒望远镜、电影放映机、显微镜和天文望远镜上。

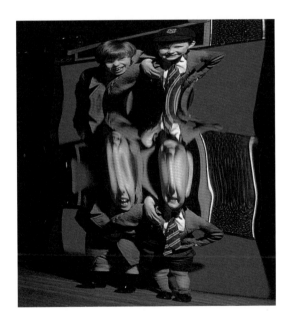

▲ 两个小学生正在试图数出这面哈哈镜中出现了多少个脑袋。这个镜像是由光线在镜子的不规则表面向各个方向反射而形成的。

偏振光

当一束光中所有的光波都在同一个平面内传播时，这束光就是偏振光。偏振现象通常发生在光在光滑表面（例如玻璃或水面）上发生反射时，或者发生在光通过某些晶体时。摄影师们使用偏振滤光片来遮挡反射的偏振眩光。

没有使用偏振片   使用偏振片

◀ 灯塔透镜是在19世纪早期由奥古斯丁·菲涅尔发明的，它由一系列边缘带有棱角的玻璃圆环组成。它们能把光束聚集起来，向远在数千米之外的航船发出无声的警告。

颜色

颜色存在于世界每一个角落，它犹如万花筒一样绚丽多姿，强烈地撞击着我们的眼球。要想对颜色有全面的认识，必须学习相关的科学知识，它们是物理学、生物学、心理学。

从小时候开始，我们就知道各种颜色的名字，但并不清楚每个人看到的是否都是同一种颜色。一个人眼中的红色，可能是另一个人眼里的橙色。我们对颜色的感知取决于我们看的方式和大脑对视觉信息的阐释。

视网膜上的视锥细胞具有分辨颜色的能力。当不同波长的光线作用于视锥细胞后，视锥细胞便把这些视觉信息传送给大脑，然后大脑分析视觉信息并使之形成图像。据估计，在强光下人眼大约可以辨认出 1000 万种颜色；但在弱光下，物体在人眼中通常只是灰色的影像。要想感知到颜色，光线必须达到最低亮度或最低强度。物体之所以呈现出颜色，是因为它们的分子结构与光发生了相互作用。

▶ 无论是为了吸引配偶还是为了伪装，颜色在许多动物的生存策略中都发挥着重要作用。变色龙是伪装高手，它们能通过皮肤中的黑、黄、绿等色素的微妙变化，使身上的颜色与周围环境保持一致。

◀ 用传统方法提取植物染料，不但耗时，成本也高（把植物放入沸水中浸渍之后才能提取出染料）。今天，大多数纺织厂都使用价格便宜、来源广泛的人工染料。

自我观察

旋转的轮子

把一个用硬卡片制成的圆盘七等分，分别涂上七种颜色：红、橙、黄、绿、蓝、青、紫。然后在卡片中间的两个孔中穿上一根细绳，拉动绳子使圆盘飞速旋转。这时，你会看到圆盘上的七种颜色融合成了白色。

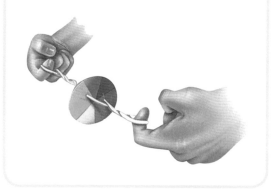

颜色的物理特性

1666 年，牛顿发现一小束白光通过一个三棱镜后，散射成了一条宽色带。当太阳光穿透空气中的雨滴后，会折射出七种颜色，于是形成了彩虹。彩虹实际上就是一个太阳光谱。牛顿把太阳光谱分成七条色带：红、橙、黄、绿、蓝、青、紫。

今天，我们知道可见光就是电磁光谱中人眼可以感知的部分。太阳光或者白光是由光谱中各种波长的光组合而成。光的波长不同，人眼感知到的颜色也不同。比如红色光的波长是 780 纳米，紫色光的波长是 380 纳米。像这种由单一波长或一小段波长的光呈现出来的颜色，称为纯色或色调。纯色是一种饱和色彩，如果它与白光混合在一起，就会变成非饱和色彩。

街道上的钠光灯呈现出的黄光是我们能够在实验室外见到的少数几种纯色之一。我们看到的绝大多数颜色都是由波长各异的彩色光混合而成。

▶ 金属被加热时会产生电磁辐射。当金属温度达到800℃以上时，人们就会看见射线。这时，金属会发出白热光——起初是红色光，然后随着温度的升高逐渐变成橙色光和黄色光，最终变成白光。

颜色中的数学原理

大多数颜色都是通过几种光叠加或者消减产生的。波长不同的光混合在一起会产生不同的颜色，即色彩的叠加混合。比如，红光和绿光混合后产生黄光，这种光的混合体中并没有黄光的波长。红、绿、蓝三种不同波长的光以不同比例叠加在一起，可以合成任意一种颜色，这三种颜色被称为加色法三原色。

将一定波长的色光从白光中去掉会得到另一种颜色，即色彩的消减混合。大多数有色物体中的色素会吸收白光中某种波长的光，而把其余的光反射出去。由于我们只能看见反射光，因此就决定了物体的颜色。例如树叶之所以呈现出绿色，是因为它们含有的叶绿素吸收了白光中的红色光和蓝色光，反射出了绿色光。

几乎每种颜色都可以由蓝、红、黄三种颜色混合而成，这三种颜色被称为减色法三原色。许多工业都利用色彩的消减混合原理生产有色材料，如颜料、染料、塑料、纸张和皮革。印刷工业也利用这种原理为杂志、报纸、书籍印制彩色图片。像本书中的这些图片，就是利用红、黄、蓝三原色油墨和黑色油墨混合后连续产生的点状光斑印刷而成的。

混合色

颜色可以通过色素和色光两种方式混合而成。色素通过消减混合产生各种颜色，色光则通过叠加混合产生各种颜色。

在减色法三原色中，蓝色、红色、黄色等量混合后，会产生浑浊的棕黑色。

在加色法三原色中，红色、蓝色、绿色这三种色光等量混合后，会产生白色。

▲ 彩色颜料是通过色彩的消减混合产生的，正如从这张图片中看到的那样，将黄、蓝两种原色混合后会出现一种第二级色——绿色。

色素

任何一种能够反射或传递可见光的化学物质都是色素。在自然界中，存在着成千上万种色素，在植物界和动物界中尤其多。其中一些天然色素就像催化剂一样可以加速化学反应。橙色的胡萝卜素促使植物产生维生素 A，绿色的叶绿素能加速光合作用。动物和植物还可以利用其他一些天然色素进行伪装，躲避捕食者，或者利用它们传达某些信息。比如花瓣上的色素，就是吸引昆虫吸食花蜜的广告。

工业中，用于生产颜料和染料的色素既可以人工合成，也可以从天然物质（植物、泥土、灰烬和矿物）中提取。许多用来生产黄色、红色、橙色染料的色素，就是从以含苯醌色素的植物为食的昆虫体内提取出来的。比如猩红和胭脂红就是从以仙人掌为食的胭脂虫的脂肪细胞中提取的。

在自然界中，蓝色色素相对比较稀少。

虽然许多鸟类、爬行动物和鱼类都是蓝色的，但这只是光透射过它们的皮肤或羽毛的结果。当光穿过薄片状的胶体时，胶体中的微小颗粒有时会以一种不规则的方式散射或反射光。这种光学现象被称为丁达尔效应，它使一些动物在光线的照射下呈现出蓝颜色。晕彩效应是另外一种光学现象，它使一些动物在光线的照射下呈现出彩虹色。当一些光穿过一层透明的薄膜时，会被分解为多个独立的波长。在一个阳光充足的天气里，蜻蜓透明的翅膀上闪烁着五彩缤纷的颜色，这就是由于阳光穿过翅膜时被分解成了多个波长。

你知道吗？

神奇的颜料

在许多年里，科学家们一直对墨西哥尤卡坦半岛上的玛雅人遗址中灿烂夺目的蓝色绘画作品困惑不解。大约在1400多年后，这种鲜亮的颜色本应该在炎热、潮湿的空气中褪色，但是它们依然光彩夺目。后来，一位科学家揭开了这种颜料的神秘面纱。他发现制成这种亮蓝色颜料的色素，是从当地的泥土中提炼出来的，而在这种泥土上生长着一种含有蓝色色素的植物。毫无疑问，这种颜料色素能够与当地那些富含铁元素的土壤很好地融合在一起，从而使颜料的色彩始终保持不变。

▲ 当太阳光穿过大气时，大气中的微尘分子就会散射光中较短的波长。在日落和日出时分，光的传播距离较长，这时几乎所有的蓝色光都被散射到四面八方，而红色光和橙色光便成了天空中的主色调。

▲ 颜色往往会对人们产生一定的心理作用。女性在使用彩色化妆品时，常常会感觉到自己变得更漂亮了。一些美洲土著人，比如巴西某个部落中的首领，会在身上涂抹某种颜色，他们认为这样能够克服恐惧、展示力量。

颜色测量

颜色的测量方法被称为比色法。简单的比色法是指把某种颜色与色卡（如蒙赛尔色卡）相比较，通过目视找出它在色卡中的颜色样本，从而对其分类。人们通常根据色度（色彩）、饱和度（纯度）和亮度来定义颜色。

还有一种现代化的比色法，就是利用一种叫作光谱仪的机器来测量颜色。光谱仪能够测量分析彩色物体表面反射的光线。它们在测量可见光光谱中每一种

蒙赛尔色卡

当一批彩色的塑料、染料或颜料被生产出来以后，人们往往要用光谱仪或者色卡来检验它们的颜色。右图就是有名的蒙赛尔色卡，它用清晰的 3D 立体图把众多的颜色展现了出来，而不会像魔方那样使人感觉复杂。图中垂直的轴代表不同程度的颜色亮度（强度），水平的轴代表富于变化的色度（彩度或饱和度），圆周代表色调（颜色）。

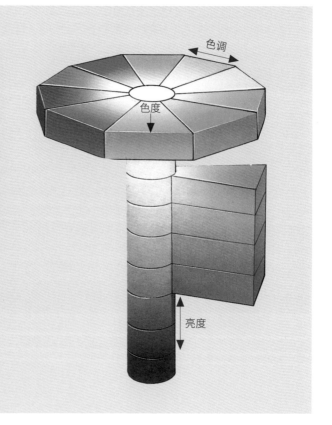

波长的能量和亮度之后，会把测得的数据绘制成曲线图。从曲线图上，可以看出不同波长的亮度对比情况。光谱仪分析了画家常用的鲜绿色颜料后，绘制出了这样一条曲线：在绿色光和黄色光的波长范围内出现了波峰；在红色光、蓝色光和紫色光的波长范围内，曲线陡然下降，出现了波谷。

▲ 图中是安第斯山脉中的科罗拉多湖，湖里生长着一种有毒的蓝藻，在它的细胞中含有高浓度的红色素——C-藻红蛋白，因而它的花是锈红色的。

声音和声学

无论白天还是黑夜，只要在街道上漫步，你就能听到声音：发动机的轰鸣、鸟儿的鸣唱、风的吹拂声和人们的交谈声。我们生活在一个充满着声音的世界里，但是，如何向那些失聪的人描述这些声音呢？

声学科学家把声音描述为一种由于物体的振动而产生的能量形式。例如蚊子的翅膀每秒钟能扇动数百次，由此产生了嗡嗡声。当这种能量传到人耳以后，会被转换为微小的电脉冲。然后，电脉冲沿着听觉神经传递到大脑的听觉区域，在这里，它们被转换为声音。任何一个振动着的物体都能产生声音，但是，我们只能在人耳所能探测到的声音范围内听到它们。一些动物所能听到的声音范围与人类不同，例如狗、蝙蝠和海豚能听到人耳听力范围以外的高音（超声波）。

制造声音

声音是由物体的振动产生的。任何一个振动着的物体都能产生声音。当我们敲击铜锣时，锣面会发生振动。锣面的振动会使周围的空气粒子跟着振动——空气粒子先是被压缩在一起，然后再向外扩张。人耳能觉察到由这些振动引起的气压变化。当听觉神经把这些"信号"传递给大脑后，大脑会将其转换为声音。

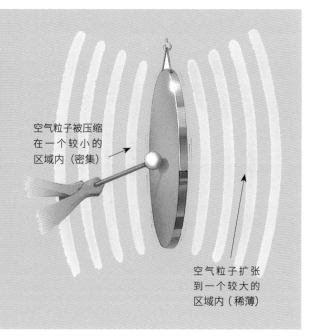

空气粒子被压缩在一个较小的区域内（密集）

空气粒子扩张到一个较大的区域内（稀薄）

波的运动

　　声音是通过空气粒子的波动在空气中传播的。一块石头被扔进水池以后，水分子会上下运动（振动）形成波。与之类似的是，当波通过一根绳子时，绳子会上下振动或左右振动。这种类型的波被称为横波，它的振动方向与传播方向是垂直的。

　　当声波通过某种物质的时候，会先压缩物质微粒，然后再使之分离。这种类型的波被称为纵波，它的振动方向与传播方向是平行的。例如当我们敲击鼓皮时，随着鼓皮的上下运动，鼓皮下面的空气粒子先被压缩在一起，之后又会变得"稀疏"。当压缩后的空气粒子发生膨胀时，它们会"迫使"邻近的空气粒子压缩在一起。这样，声波便不断地传播下去。

　　抓住一根长弹簧的两端，然后快速推拉，也能制造与之类似的"波"。弹簧线圈沿着弹簧的长度方向被不断地拉长和压缩，这与声波传播时空气粒子扩张后再被压缩的情形大致相同。声波必须依靠介质才能传播。在月球上，由于没有空气作为介质，声音无法传播。登月宇航员只能利用无线电波进行交流。

声速

　　声音在不同的介质中传播的速度不同。介质的密度越高，声音的传播速度越快。比如，声音在钢铁中的传播速度就比在空气中的传播速度快。常温下，声音在空气中的传播速度是 340 米／秒，在水中的传播速度为 1500 米／秒，在钢铁中的传播速度可达 5200 米／秒。

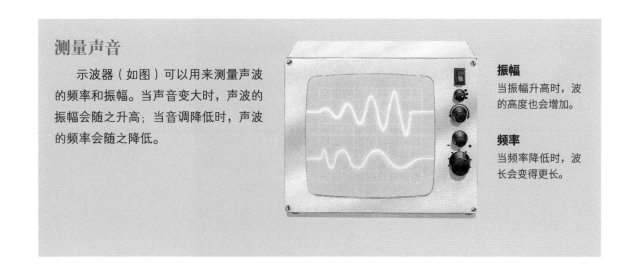

测量声音

　　示波器（如图）可以用来测量声波的频率和振幅。当声音变大时，声波的振幅会随之升高；当音调降低时，声波的频率会随之降低。

振幅

当振幅升高时，波的高度也会增加。

频率

当频率降低时，波长会变得更长。

声音的响度

历史上最响的爆炸声是印度尼西亚的喀拉喀托岛火山在 1883 年爆发时发出的。类似这样的巨大声响，会使空气粒子发生剧烈振动。与此同时，声音被传播到很远的地方。如果站在演唱会现场的扬声器附近，当音乐响起来的时候，你会"感觉"到空气的振动。柔和的声音（比如耳语）具有很少的能量，因此它们不能像巨大的声音那样，迫使空气粒子剧烈地前后移动。

科学家用示波器来测量响度。这种仪器能将声能转换为电能，并且能把声音波形显示在屏幕上。声波的振幅（高度）决定了声音的响度。示波器也可以用来测量声频和音调。声频是指每秒钟内声波振动的次数，它的度量单位是赫兹（Hz）。音调是指声音的高低，它与声音的频率有关——频率越高，音调也越高。比如，A 调音符的频率是 440Hz，而 C 调音符的频率为261Hz。

每种声波都有它自己的物理特性，通过测量声频和振幅可以将它们区分开来。我们所能听到的大多数噪声都是由多种声波组合而成的，就像太阳光是由多种色光组合而成的一样。

声学

声学是研究声音的一门科学。人耳听到的声音会受声音在传播过程中撞到的物体所影响，因此，声学通常也会研究这种影响方式。声学主要应用于建筑设计和音乐领域。在设计乐器、

◄ 这是中国北京天坛皇穹宇的围墙，又称"回音壁"。围墙的弧度十分规则，墙面极其光滑整齐，因此对声波的反射十分规则。一个人靠在墙边说话，无论声音多小，也可以让一二百米外的另一端的人听得清清楚楚，堪称我国古代建筑的一大奇观。

▲ 这不是为太空科幻电影准备的布景，而是一个声音实验室。在墙壁、地面和天花板上都覆有圆锥形的吸音材料，以防回声影响到声学实验。

音乐厅、桥梁、住宅、教室甚至汽车时，都要考虑到声学效果。

　　当声波撞到物体时，部分声波会被吸收，部分声波会被反射回来形成回声。声波的吸收与反射取决于它撞到的物体的形状和组成成分。松软的材料（如纸板和泡沫塑料）里面有许多小气室，因此，它们吸收声波的能力比较强。而坚硬、光滑的物体表面（比如游泳池中的瓷砖）反射声波的能力比较强。建筑师在设计建筑物时，通常会利用不同材料的吸音特性来减少不必要的回声。

　　有时，声波也会对物体产生非同寻常和不必要的影响。多数材料都有一个自然的振动频率，当它们被具有同样频率的声波击中时就会开始振动，这种现象被称为共振。建筑师在设

小实验

音乐奶瓶

　　往 8 个相同的空奶瓶中注入不等量的水，然后在瓶口处吹气。短的空气柱会比长的空气柱振动得快。因此，装水最多的奶瓶所发出的音调最高，装水最少的奶瓶所发出的音调最低。

▲ 一辆重达 26 吨的地震勘测车通过重击地面上的底板而发出一种能够穿透地面及地下岩石的地震波。当地震波遇到岩石中的断层时，形成的回声会反射回地面。一些科学家通过测量这种回声来预测地震。

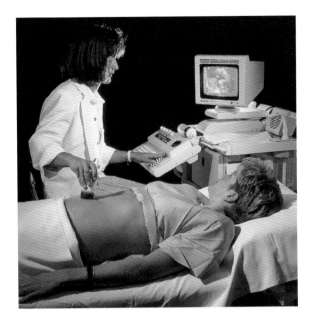

▲ 超声波的用途非常广泛，不仅能清洁牙齿上的牙菌斑，还能检测飞机零件内部的缺陷。图为一名医生正在利用超声波扫描仪观察胎儿在母亲子宫内的发育情况。

▲ 一名地理学家正在利用地震检波器勘查约旦地下的岩石结构。通过研究地震勘测结果，科学家能推断出史前时期大陆的演化情况。

多普勒效应

为什么汽车和摩托车在赛道上绕圈时会发出"尼——呜——"的声音呢？当它们绕着跑道奔驰时，发动机所发出的声音的频率几乎没有变化。但是，当这些高速运行的机器接近观众时，观众会感觉音调升高了；当它们远离观众时，观众会感觉音调降低了。这种现象被称为"多普勒效应"。在快速行驶的车辆前面，声波会被压缩，而在车辆的后面，声波会被拉伸，于是产生了"多普勒效应"。

用声波导盲

科学家为盲人制造了一种特殊的眼镜，以帮助他们"看"到东西。这种眼镜和一个能发出超声波的设备连在一起。当声波撞到物体时，它们会被反射回眼镜上。当盲人要撞到某个物体上时，耳机会发出提示音。该系统还能帮助盲人体验许多"新"的娱乐活动，比如骑自行车和打篮球。

计桥梁时会格外谨慎，这是因为共振能引起桥梁剧烈摇摆。在一些国家，士兵被禁止以统一的步伐通过旧桥，目的是防止他们制造的振动频率接近于桥的共振频率。这听起来可能有些牵强，但是，美国的塔科姆大桥正是因大风引起的共振而坍塌的。

▶ 这是美国的塔科姆大桥，它因大风引起的共振而坍塌。建筑师如不想让悲剧重演，就必须充分考虑到声波对建筑材料的影响。

◀ 这架悬停在海上的海军直升机正在垂放"吊放式声呐"。这种声呐系统能够探测到在附近海域潜伏的敌方潜艇。

可再生能源

也许可再生能源永远无法取代石油、天然气、煤、核能,但是在世界上很多地方,它们是家庭和工业中非常有价值的能源.

认为风、水、波浪、地热都是"免费"资源,而且是清洁的能源,那是一种误解。这些能源可能是免费的,但是要大量利用它们却需要高昂的成本。它们同样也会对环境产生影响,只不过与燃烧煤、石油等化石能源相比,它们对环境的影响要小得多。

以利用水力为例,从大海中蒸发的水汽,被风携带到陆地上,再以雨水或雪的形式降落地面,然后流入河流,最后又重归大海。我们只要把涡轮机和发电机放在河流中,就能产生电能。

▲ 冰岛斯瓦辛基的地热电站既是发电站,也是疗养中心——并非所有的发电站都可以作为疗养中心。在斯瓦辛基的地热电站,有一个美丽的蓝湖,深受沐浴者的欢迎。据说蓝湖中的热矿泉水可以治疗很多皮肤病。

◄ 地热水和地热蒸汽的温度可以高达350℃。当蒸汽在100℃~160℃之间时，就可以用来驱动发电机的涡轮。图中，供地热水和地热资源喷出的井口正在被通风。

你知道吗？

地热

　　地热水和地热蒸汽的温度可以达到100℃~350℃，它们通常被用来发电。100℃以下的地热水用途更多。在冰岛，工程师们直接用管道把地热资源输送到家庭和工厂中，用来供热取暖或者发电。在其他一些地区，人们在鱼场中利用地热资源孵化鱼苗。在一些农场里，人们用它来干燥农作物。

　　但实际上，事情并不是这么简单。在世界上大多数地方，河流的水平面由于季节不同而不同，因此，只有通过修建水坝，造一个人工湖，才能保证河流中有源源不断的水，并保证有足够的水力驱动涡轮机，才能产生大量电能，才能为某个城市中的家庭和工厂供电。所以，大型的水电项目都是巨大的工程，要花费大量的成本。

　　中国的三峡工程是世界上最大的水利枢纽工程，中国的三峡大坝也是世界上最大的混凝土重力坝。大型水电项目也会对当地环境和人口产生巨大影响。当水库开始蓄水时，大片的地区将被淹没。居住在森林中的人们会被迫离开世代狩猎和农耕的家园。在山区，所有村庄都要迁移。随着水平面上升，大片农田将被吞没。

　　当然，这些水电项目为环境带来的破坏性虽大，但人们从中获得的好处也是巨大的。在一些地方，小规模的水电设备同样有效。与大型项目相比，小型水电项目所需成本低，对环境的影响也较小。今天，全世界 20% 以上的能源都是水电。在加拿大、美国、俄罗斯、法国、英国、德国等国，人们都在大规模开发潜在的水电资源——它是未来的主要能源。

来自海洋的能源

1967 年，法国工程师在布列塔尼的朗斯河口处，建了一个潮汐水力发电站，率先开辟出一条利用海洋能源的道路。水坝的一侧有一系列水闸，允许船只通过。水下装有涡轮机。涡轮机随着潮水流动和潮涨潮落旋转。建在加拿大芬迪湾和英国塞温河口的潮汐发电站最成功。同样，它们也对环境产生了重要影响。

波涛能是另外一种"免费"能源，它是利用河流或海洋中波涛产生的能量来发电。为了开发波涛能，工程师们设计出了一些特殊机械，并对它们进行了测试。但是今天，大量利用波涛能源面对的问题，仍然没有有效解决。

利用风力

水平轴风力机有很多类型，既有传统的用来抽水和磨面粉的荷兰风车，也有用来发电的现代高科技风轮机。垂直轴风力机比较少见，但是它们在操作中，不需要根据风向改变位置。沉重的发电单元可以放置在路面上，而不需要放置在电塔上。

为了让成本更加划算，风电场一般建在全年风力稳定、风向恒常的地区。大风、阵风，以及风向不确定的风，都没有什么用处。因此，在美国，大多数风力发电厂都位于西部海岸，尤其是加利福尼亚的洛杉矶周围，以及欧洲西北部的部分地区，如英国面向大西洋的西部地区。还有很多小型的风力发电厂，专门为某些地区的工厂和乡村提供电能，尤其是在遥远的农场，如澳大利亚的内地、非洲的乡村，以及美国中西部地区。

地下的锅炉房

在世界上的一些地方，地下水与地下炽热的岩石相遇，沸水和蒸汽就会以间歇泉的形式涌出地面。即使有的地方地下水不足，有时也可以通过钻孔，先把地表水压入地下，使它与炽热的岩石相遇，然后再以热水或热蒸汽的形式将它压出。喷涌而出的热水或热蒸汽，经过热交换器和涡轮机，驱动发电机，地热能就被转换成了电能。

◁ 这是在加拿大一个风电场的螺旋桨风轮机。这种涡轮机有三个叶片，这是最常见的一种形式。有的涡轮机只有一个叶片，有的涡轮机有两个叶片或四个叶片。

薪材和生物气

全世界大约有 25 亿多的人口完全依赖木材取暖、烹饪食物。在这些人中，又有一半多的人必须不断砍伐森林，才能满足自己的需要。如今，许多国家和地区的政府都在鼓励人们种植薪材。这种树木生长速度极快，贴着地面将它们砍下后，很快又能发出新芽。它们既可以作为家庭燃料，也可以在工厂的炼钢炉中缓慢燃烧，产生炉煤气，用作汽车能源或发电。

另外一种有用的燃料是生物气（沼气），它主要含有甲烷，家庭可以通过燃烧沼气来烹饪食物、取暖、发电。这种气体一般是由动物的粪便、腐烂的树叶或农作物根茎产生的。

◁ 在一些国家中，包括英国，人们正在探索把薪材放在一种特殊火炉中燃烧，用来发电。这种薪材是白杨树。白杨树的生长速度极快，在主干上能同时长出许多茎干。

太阳能

在仅仅40分钟内，到达地球表面的太阳能就足够地球上的全部人口用一年。因此，如何利用太阳能成为能源技术面临的一个巨大挑战。

太阳是地球上能量的最终来源。太阳的能量维持着地球上所有生物的生命。绿色植物通过神奇的光合作用将太阳能转化为化学能，形成葡萄糖和淀粉。太阳能以这种形式"固定"下来以后，又可以被无数的食草动物食用，而食肉动物和食腐动物又以这些食草动物为生。太阳能可以保持地球的温度、驱动洋流和巨大的风力系统。无论我们利用风力还是水力发电，我们都在间接利用太阳能。我们烧的煤、石油和天然气说到底也是太阳能，它们是几百万年前被植物组织吸收并储存起来的太阳能。

那么，既然我们可以间接利用太阳能，为什么直接利用还会那么难呢？目前有几种利用太阳能的技术，可以应用在各种领域，从为卫星和小型计算器供电，到为房屋供暖和发电等。但是收集和储存太阳能的成本太高，这大大限制了它的推广。另外一个难处是太阳能大多集中在热带地区，而世界上大部分工业区却分布在远离赤道的寒冷、多云地带。

太阳能加热

太阳能加热最简单的方式是温室。来自太阳的能量主要以短波长光线的形式穿透温室的玻璃，并加热其中的空气、土壤和植物。这些空气、土壤和植物又会释放出波长较长的热波，但是热波不像光波那么容易穿透玻璃，所以部分能量被拦截在温室中，从而保持了温室中的温度。许多现代住宅都运用了这个理念，在设计时采用大面积的倾斜窗户，以最大限度地吸收太阳光。由吸热材料制成的内墙可以储存能量，保持室内温度。这种方式被称为被动式太阳能加热。

太阳能电池板（主动式太阳能加热）将这一理念又向前推进了一步。太阳能电池板现在被广泛用来为房屋供暖，特别是在那些阳光充足的地区，例如地中海地区、中东地区和美国南部各州。这种电池板由扁平的薄盒以及包裹在薄盒外面的玻璃或透明塑料组成，并且通常会有一层黑色涂层或黑色塑料，用来吸收热量。冷水流过黑色涂层下面的管子时就会被加热，然后用来给房间供暖和提供家用热水。

▲ 图中是澳大利亚一家发电站的太阳能收集器。每个圆盘都将太阳光聚集到一个位于抛面焦点的热电发电机上。一台计算机控制着这些圆盘，圆盘会随太阳升降而调整方向。

▲ 瑞典的这些房子是当地太阳能加热系统的一部分。热水从屋顶的太阳能收集板流入到一个隔热的储存箱中，这可以用来为整个地区供热并供应家庭使用的热水。

太阳能电站

大规模的太阳能电站只能建在阳光充足的地方，例如美国南部、澳大利亚、日本、西班牙和意大利。在大型发电系统中，成千上万的独立收集器与一个中心热交换器和发电机相连。收集器由盘形或圆柱状的抛物柱面镜组成，能自动跟随太阳的方位调整方向。这些镜子将太阳能聚集在一个装有水或特殊高温流质的管子中，这些管子通常封装在真空管中以防止热量散失。流质被输送到热交换器中，用来产生蒸汽，推动电站的涡轮机旋转。

另一种高温太阳能发电系统是中心采集系统，或称"太阳能塔"。这种系统采用巨大的镜面阵列将太阳能聚集到一个中心点，从而将中心点上进行热交换的流质加热到非常高的温度。这种方式避免了将流质从收集器输送到涡轮机房时的热量损失。当第一套中心收集器阵列试验系统安装成功时，这个系统就显示了强大的工作效率，被放置在镜面阵列焦点上的太阳炉的温度竟超过了 3500℃。

太阳光直接发电

还有一种截然不同的光能发电方法，就是依靠半导体材料的特性，这种方法可以直接获得电能，不需要蒸汽、涡轮机或发电机。半导体是非常纯净的物质，仅含有某些微量的杂质。如果绝对纯净，它们就是绝缘体，不能传导电流，但是一点点杂质就能带来本质的变化。当太阳光照射到半导体材料上时，光能会在材料中激发出电子并产生电流。

半导体材料有好几种，不过应用最广泛的是硅，一个太阳能电池（或称光电电池）由两层含有不同杂质的硅组成。一层称为 n 型层，含有一些自由电子（负电荷）；另一层称为 p 型层，含有一些"空穴"（正电荷），这是因为杂质夺去了半导体中的部分电子。当入射光线在两层中激发出额外的电荷时，p 层中的自由电子被驱赶进入 n 层，而 n 层中额外的"空穴"被推挤进 p 层。这样只要有光线作用在电池上，就会产生电流。

太阳能电池造价昂贵，而每个电池又很小，产生的电量很少，要产生强大的电流，就必须将许多电池串联在一起。由于这个原因，它们难以用于大规模发电。不过，将它们用在偏远地区或太空卫星上，驱动科研设备和通信装置则非常理想。一组 2 平方米的电池能提供足够驱动一台水泵的能量，可以为一个小村庄供应充足的生活用水。

▲ 在加利福尼亚的莫哈韦沙漠上，三组巨大的太阳能阵列占地多达 400 公顷。阵列中的 65 万块镜面可以将合成油加热到 390℃，用来产生蒸汽，驱动电站的涡轮机。

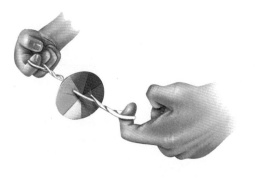